长江师范学院规划教材

电子信息类实验实训系列规划教材

4G/5G通信
项目式实验教程

杜得荣　彭施连　编著

中国科学技术大学出版社

内 容 简 介

本书针对 4G/5G 通信的关键理论与技术,依托 ZXSDR_OMMB、MATLAB、Mapinfo 等平台,进行项目式实验指导。本书包括 4G TD-LTE 基站开通、4G 无线网络规划与优化、5G 无线通信 3 个部分,共 18 个实验项目,内容新颖丰富、实践性强、步骤翔实,可激发学生对通信理论与应用的兴趣。

本书大多数实验项目基于虚拟仿真,可以节省大量硬件设备投入,同时又能把抽象难解的通信知识形象化地呈现给读者。因此,本书可作为高等院校通信工程、电子信息工程及相关专业本科生的实验教材,也可供从事 4G/5G 通信领域的研究人员和工程技术人员参考。

图书在版编目(CIP)数据

4G/5G 通信项目式实验教程/杜得荣,彭施连编著.—合肥:中国科学技术大学出版社,2022.12

(电子信息类实验实训系列规划教材)

ISBN 978-7-312-05548-5

Ⅰ.4… Ⅱ.① 杜… ② 彭… Ⅲ.① 第四代移动通信系统—高等学校—教材 ② 第五代移动通信系统—高等学校—教材 Ⅳ.TN929.53

中国版本图书馆 CIP 数据核字(2022)第 233949 号

4G/5G 通信项目式实验教程

4G/5G TONGXIN XIANGMUSHI SHIYAN JIAOCHENG

出版	中国科学技术大学出版社
	安徽省合肥市金寨路 96 号,230026
	http://press.ustc.edu.cn
	https://zgkxjsdxcbs.tmall.com
印刷	安徽省瑞隆印务有限公司
发行	中国科学技术大学出版社
开本	710 mm×1000 mm 1/16
印张	13.5
字数	280 千
版次	2022 年 12 月第 1 版
印次	2022 年 12 月第 1 次印刷
定价	48.00 元

前　言

　　移动通信是我国的支柱产业之一,对实现国家创新战略具有重要意义。同时,像人类离不开水和电一样,移动通信已逐步成为人类社会的基本需求。2008 年,第四代移动通信 LTE 技术成为国际主流的新一代宽带无线移动通信标准。截至 2014 年,我国已建成全球最大规模的 4G 网络。我国成为全球最大的 4G 市场,为我国在全球移动通信产业占据主导地位提供了难得机遇。2019 年,中国颁发 5G 商用牌照,成为全球第一批进行 5G 商用的国家。工业和信息化部负责人在"2022 世界电信和信息社会日"大会上宣布,我国目前已建成 5G 基站近 160 万个,成为全球首个基于独立组网模式规模建设 5G 网络的国家。5G 应用涵盖工业生产、交通、医疗、教育、文旅等诸多领域,正快速影响着人类的生活和生产。

　　移动通信及相关产业规模巨大,人才需求旺盛。随着通信技术的快速更新换代,通信人才培养也遇到了诸多挑战,如教材内容陈旧、实践性弱、硬件设备价格高昂等。因此,本书针对 4G/5G 通信的关键理论与技术,依托 ZXSDR_OMMB、MATLAB、Mapinfo 等平台,进行项目式实验指导,多数项目基于虚拟仿真,可以节省大量硬件设备投入,同时又能把抽象难解的通信知识形象化地呈现给读者。

　　本书内容包括 4G TD-LTE 基站开通、4G 无线网络规划与优化、5G 无线通信等 3 个部分,共 18 个实验项目,内容新颖丰富、实践性强、步骤翔实。第一部分为软硬件结合实验,主要包含 Oracle 11g 数据库的安装与配置、ZXSDR_OMMB 软件的安装与使用、e.NodeB 系统结构认识、TD-LTE 基站的开通等实验内容;第二部分为软件安装及图层制作,主要包含 Mapinfo 软件的安装、点图层制作、扇区图层制作、专题图层制作、GoogleEarth 图层制作、PCI 规划、邻区规划等实验内容;第三部分为虚拟仿真实验,主要包含 5G 通信频段信道容量仿真、校园室内外三维无线覆盖质量测评实验、应急通信空中基站最佳位置设计、无定形小区抗干扰技术实验、物联网功率控制与汇聚节点高度设计实验等内容。

本书由杜得荣和彭施连合著,并由杜得荣统稿。本书在撰写过程中得到了大量指导和帮助,长江师范学院党随虎教授、谭勇教授、李松柏教授和华晟经世公司赵繁经理给予了经费和写作指导;另外,本书内容参考了众多同行的重要成果,在此,向各位表示由衷的感谢。

由于作者水平所限,书中难免存在不足和错漏之处,恳请读者和同仁批评指正,提出宝贵意见和建议。

电子邮箱:20180023@yznu.edu.cn。

杜得荣

2022 年 7 月

目　　录

第 1 部分　4G TD-LTE 基站开通

第 2 部分　4G 无线网络规划与优化

第 3 部分　5G 无线通信

第1部分

4G TD-LTE基站开通

实验 1

Oracle 11g 数据库的安装

 实验目的

（1）熟悉数据库知识；
（2）熟悉 Oracle 11g 的安装。

 实验环境

计算机、Oracle 11g 软件。

Oracle 11g 简介

Oracle 11g 是美国甲骨文公司出品的基于 Internet 应用体系结构且支持全面中文化的关系数据库服务器系统，可单独部署于微型计算机的数据库。Oracle 11g 目前共发行了 Linux 版本和 Windows 版本。Oracle 数据库的高效性、安全性、稳定性、延展性是其成功的关键因素，世界上几乎所有的大型信息化系统都在应用 Oracle 技术。

在甲骨文推出的产品中，Oracle 11g 是最具创新性和质量最高的软件，它具有 400 多项功能，经过了 1 500 万个小时的测试，开发工作量之大前所未有。Oracle 11g 数据库可以帮助企业管理企业信息、更深入地洞察业务状况并迅速自动地作出调整以适应不断变化的竞争环境，最新版数据库增强了 Oracle 数据库独特的数据库集群、数据中心自动化和工作量管理功能。

实验内容

完成 Oracle 11g 数据库的安装。

 实验步骤

Oracle 11g 关系数据库的安装比较简单,下面以 Win 7 64 位操作系统为平台进行介绍。

(1)下载软件,将软件解压到文件夹中,如图 1.1 所示。

图 1.1 文件界面

(2)双击 setup. exe,进入初始环境检测界面,如图 1.2 所示,等待进入安装界面。

图 1.2 初始环境检测界面

(3)如图 1.3 所示,电子邮箱不用填写,取消勾选"我希望通过 My Oracle Support 接收安全更新",点击"下一步"按钮。

(4)如图 1.4 所示,点击"是"按钮。

(5)如图 1.5 所示,选择"仅安装数据库软件(I)",点击"下一步"按钮。

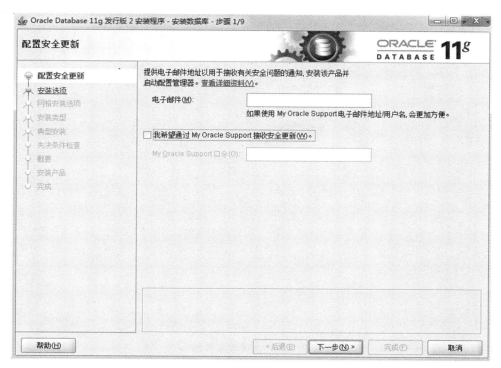

图 1.3　安装向导界面

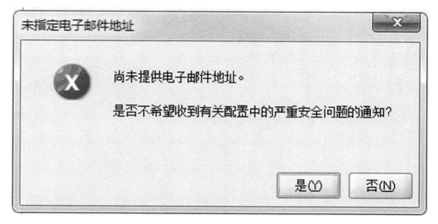

图 1.4　安装提示界面

（6）如图 1.6 所示，选择"单实例数据库安装（S）"，点击"下一步"按钮。

（7）如图 1.7 所示，选择"简体中文"和"英语"，点击"下一步"按钮。

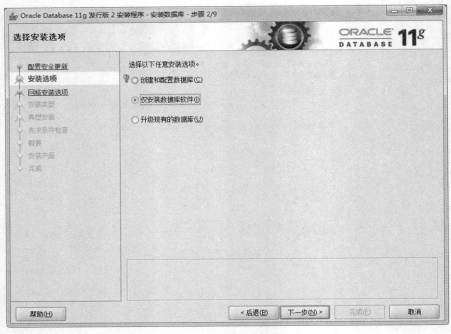

图 1.5　安装选项界面

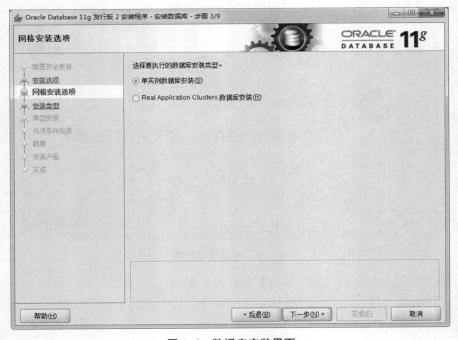

图 1.6　数据库安装界面

图 1.7　语言选择界面

（8）如图 1.8 所示，选择"企业版（3.27GB）（E）"，点击"下一步"按钮。

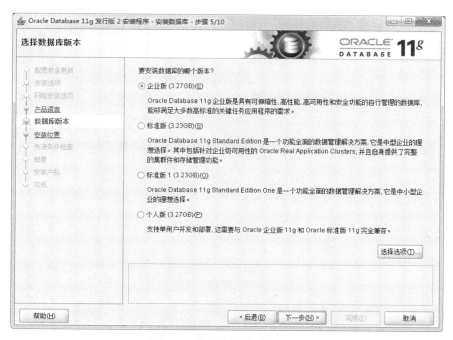

图 1.8　数据库版本选择界面

（9）如图 1.9 所示，选择 Oracle 数据库基目录和软件安装位置，路径不能出现中文，需使用全英文路径，点击"下一步"按钮。

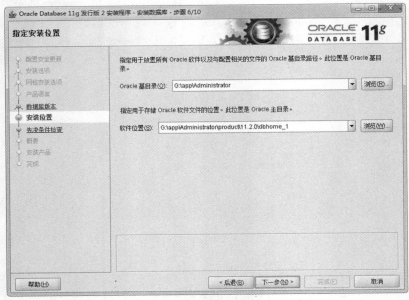

图 1.9　安装位置选择界面

（10）如图 1.10 所示，系统自动进行先决条件检查，在所有条件均满足而软件提示失败时，可以点击"全部忽略"按钮，然后点击"下一步"按钮。

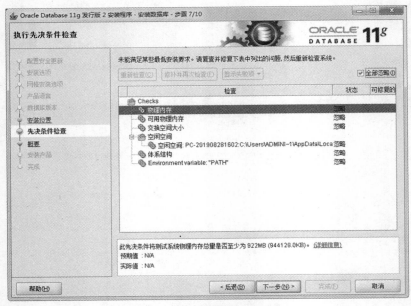

图 1.10　先决条件检查界面

（11）如图 1.11 所示，点击"完成"按钮，后续进行数据库安装。

图 1.11　概要界面

（12）如图 1.12 所示，系统进行数据库自动安装，需等待一段时间。

图 1.12　数据库安装界面

（13）如图 1.13 所示，数据库已完成安装，点击"关闭"按钮。

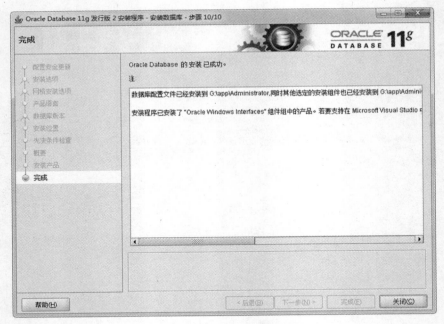

图 1.13　完成界面

实验 2

Oracle 11g 数据库的配置

 实验目的

（1）进一步熟悉 Oracle 11g 数据库；
（2）掌握 Oracle 11g 数据库的配置方法。

 实验环境

计算机、Oracle 11g 软件。

 实验内容

完成 Oracle 11g 数据库的配置，并能正常使用。

 实验步骤

（1）如图 2.1 所示，创建监听程序，依次单击"开始 – 程序 – Oracle – OraDb11g_home1 – 配置和移植工具 – Net Configuration Assistant"。
（2）如图 2.2 所示，选择"监听程序配置"，点击"下一步"按钮。

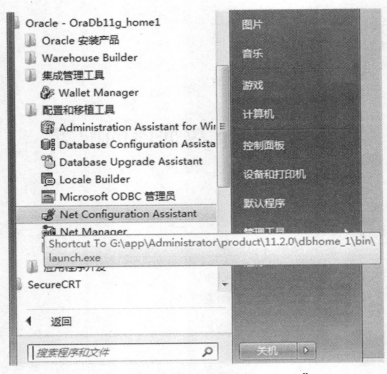

图 2.1 选择"Net Configuration Assistant"

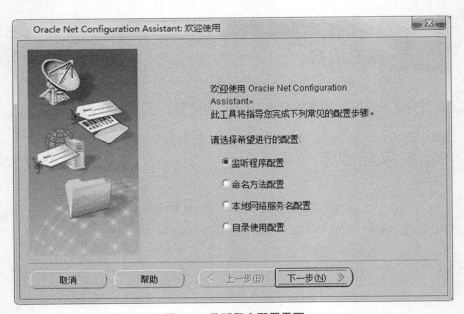

图 2.2 监听程序配置界面

（3）如图 2.3 所示，选择"添加"，点击"下一步"按钮。

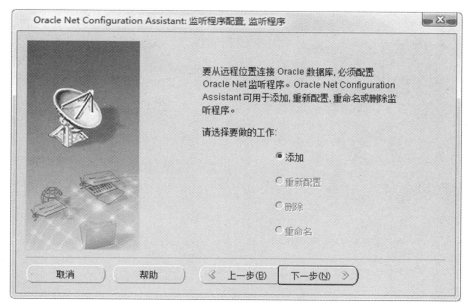

图 2.3　添加选择界面

（4）如图 2.4 所示，设置监听程序名，默认即可，点击"下一步"按钮。

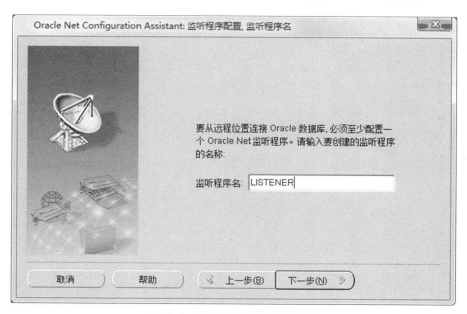

图 2.4　监听程序名称设置界面

（5）如图 2.5 所示，选择"TCP 协议"，点击"下一步"按钮。

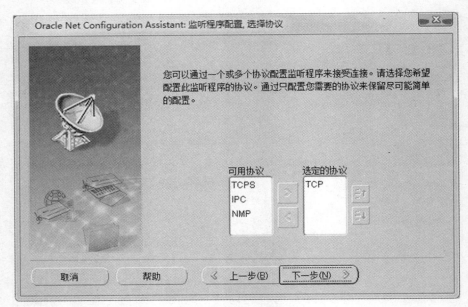

图 2.5　协议选择界面

（6）如图 2.6 所示，选择"使用标准端口号 1521"，点击"下一步"按钮。

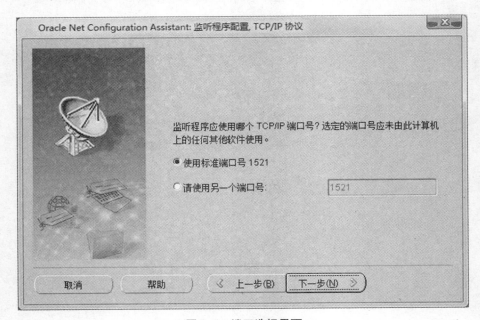

图 2.6　端口选择界面

（7）如图 2.7 所示，不需要再创建监听，选择"否"，点击"下一步"按钮。

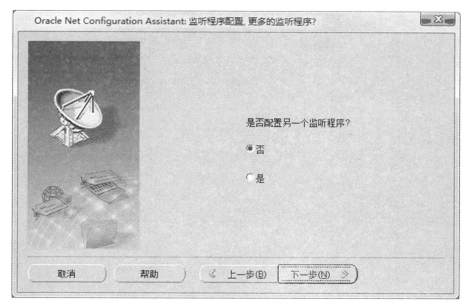

图 2.7　配置监听程序界面

（8）如图 2.8 所示，监听程序配置完成，点击"下一步"按钮。

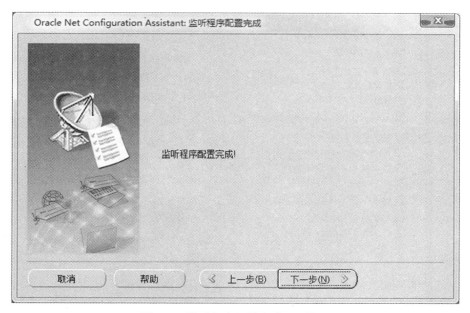

图 2.8　监听程序配置完成展示界面

（9）如图 2.9 所示，监听程序配置完成，点击"完成"按钮。

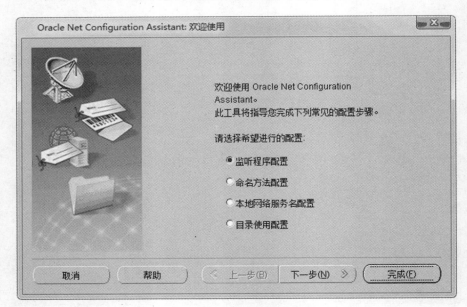

图 2.9　监听程序配置完成界面

（10）如图 2.10 所示，创建实例程序，依次单击"开始－程序－Oracle－OraDb11g_home1－配置和移植工具－Datebase Configuration Assistant"。

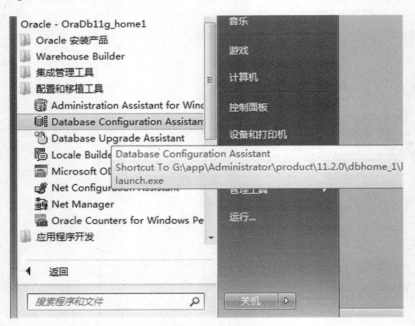

图 2.10　选择"Datebase Configuration Assistant"

（11）如图 2.11 所示，选择数据库模块配置，点击"下一步"按钮。

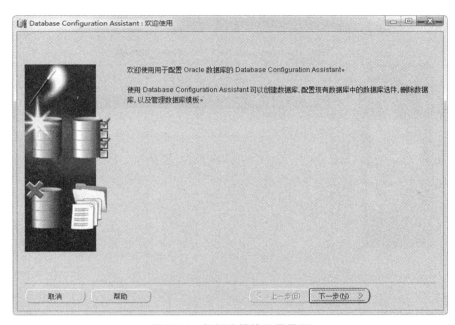

图 2.11　数据库模块配置界面

（12）如图 2.12 所示，选择"创建数据库"，点击"下一步"按钮。

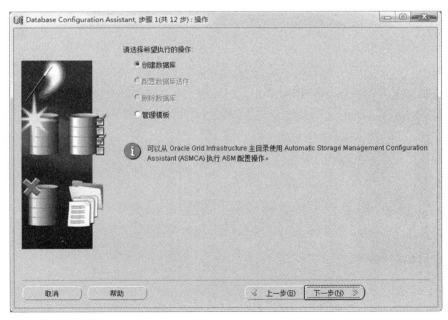

图 2.12　创建数据库界面

（13）如图 2.13 所示，选择"一般用途或事务处理"，点击"下一步"按钮。

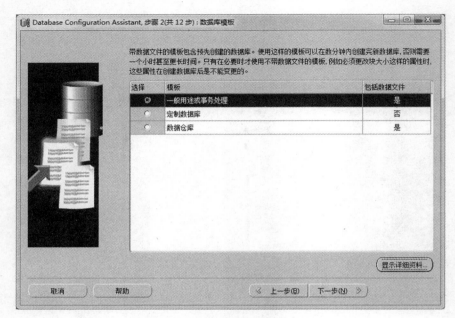

图 2.13　选择数据库类型界面

（14）如图 2.14 所示，填写数据库名称，可自由填写，符合格式要求即可，点击"下一步"按钮。

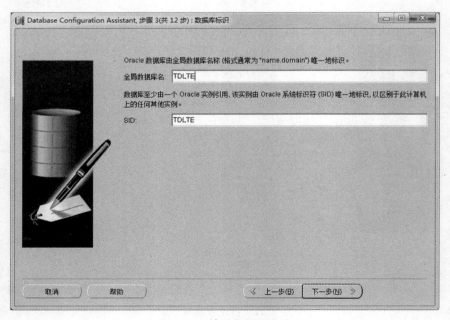

图 2.14　填写数据库名称

（15）如图 2.15 所示，默认选择即可，点击"下一步"按钮。

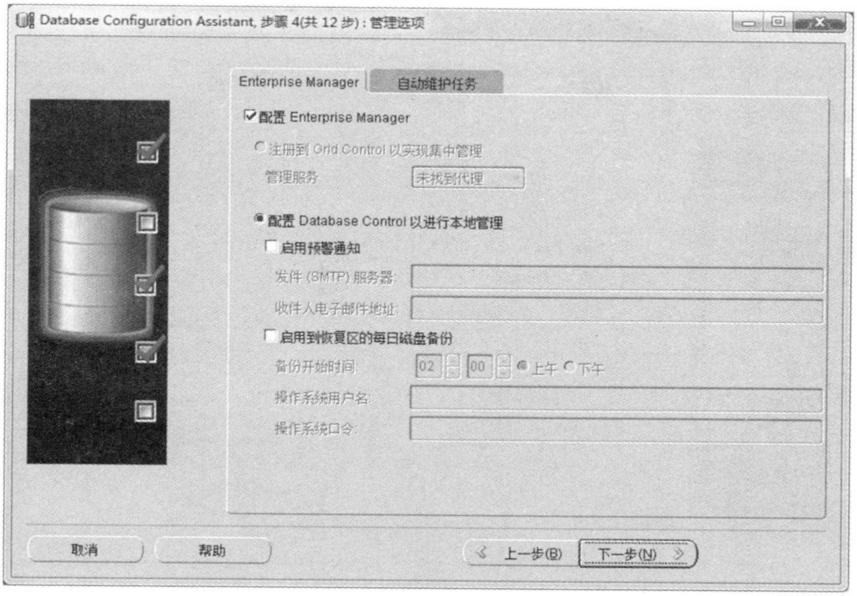

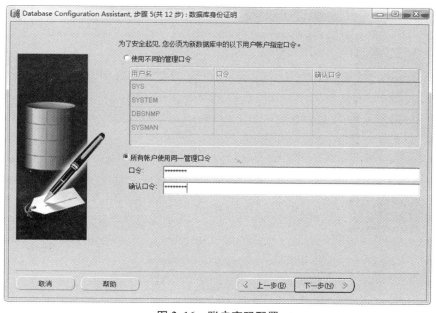

图 2.15　配置管理选项

　　（16）如图 2.16 所示，选择"所有账户（软件将"账户"误用为"帐户"）使用同一管理口令"，并输入密码，密码推荐包含大小写字母和数字，并请牢记，后续需要使用该密码，点击"下一步"按钮。

图 2.16　账户密码配置

（17）如图 2.17 所示，存储类型选择"文件系统"，存储位置选择"所有数据库文件使用公共位置"，并点击"浏览"然后选择数据库文件位置，点击"下一步"按钮。

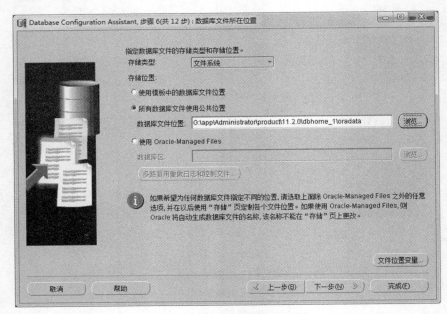

图 2.17　选择数据库存储位置

（18）如图 2.18 所示，取消勾选"指定快速恢复区"，点击"下一步"按钮。

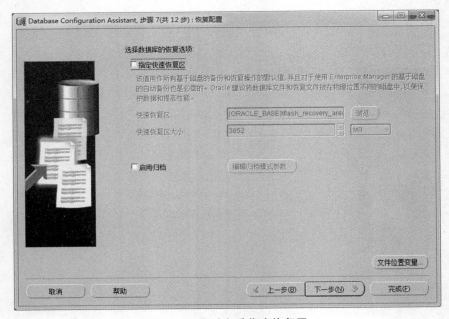

图 2.18　取消勾选指定恢复区

（19）如图 2.19 所示,不需选择"示例方案",点击"下一步"按钮。

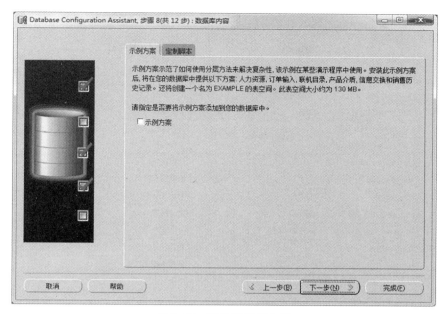

图 2.19　不选择实例方案

（20）如图 2.20 所示,选择"所有初始化参数"。

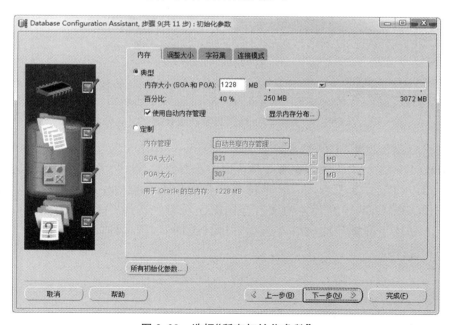

图 2.20　选择"所有初始化参数"

（21）如图 2.21 所示，选择"显示高级参数"。

名称	值	覆盖默认值	类别
cluster_database	FALSE		群集数据库
compatible	11.2.0.0.0	✔	其他
control_files	("G:\app\Admini...	✔	文件配置
db_block_size	8192	✔	高速缓存和 I/O
db_create_file_dest			文件配置
db_create_online_lo...			文件配置
db_create_online_lo...			文件配置
db_domain		✔	数据库标识
db_name	TDLTE	✔	数据库标识
db_recovery_file_dest	{ORACLE_BAS...		文件配置
db_recovery_file_de...	4039114752		文件配置
db_unique_name			其他
instance_number	0		群集数据库
log_archive_dest_1			归档
log_archive_dest_2			归档
log_archive_dest_st...	enable		归档
log_archive_dest_st...	enable		归档
nls_language	AMERICAN		NLS
nls_territory	AMERICA		NLS
open_cursors	300	✔	游标和库高速缓存
pga_aggregate_target	321912832		排序、散列联接、位图索引

图 2.21　选择显示高级参数

（22）如图 2.22 所示，选择参数名称"nls_date_format"，在值中输入"YYYY-MM-DD HH24：MI：SS"，在覆盖默认值中点击勾选，点击"关闭"按钮。

（23）如图 2.23 所示，选择"字符集"，在数据库字符集中选择数据库字符集"ZHS16GBK-GBK16 位简体中文"，在国家字符集中选择"AL16UTF16-Unicode UTF-16 通用字符集"，默认语言选择"英语（美国）"，默认地区选择"美国"，点击"下一步"按钮。

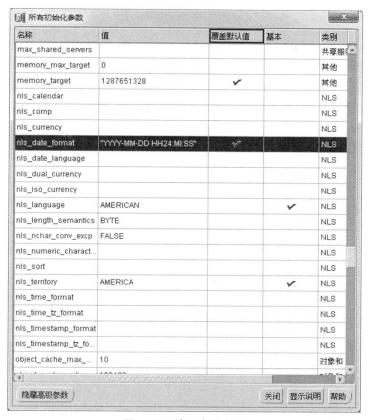

图 2.22　填写高级参数

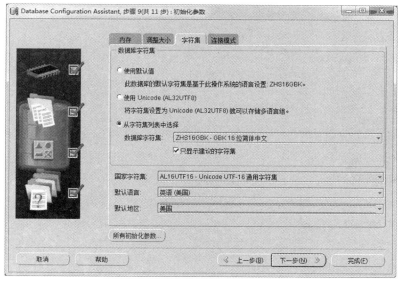

图 2.23　选择"字符集参数"

（24）如图 2.24 所示，查看数据库存储，点击"下一步"按钮。

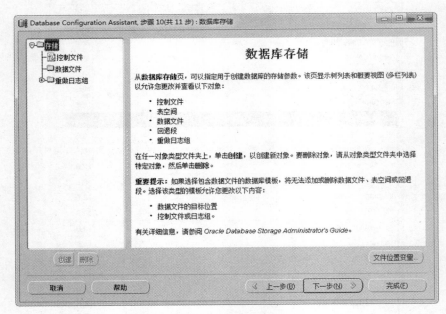

图 2.24　数据库存储

（25）如图 2.25 所示，进入创建选项，点击"完成"按钮。

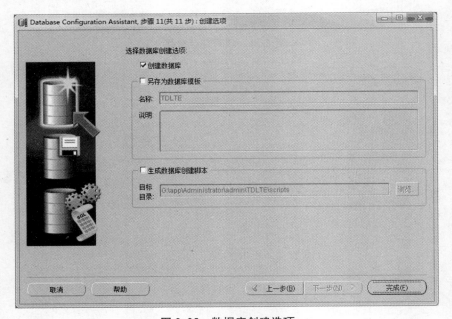

图 2.25　数据库创建选项

（26）如图 2.26 所示,数据库资料确认,请确认"nls_date_format"参数值是否填写准确,点击"确定"按钮。

图 2.26　数据库创建参数确认

（27）如图 2.27 所示,创建数据库,请耐心等待。

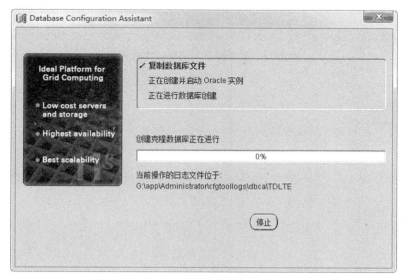

图 2.27　数据库创建界面

（28）如图 2.28 所示，数据库及实例安装已完成，点击"退出"按钮。

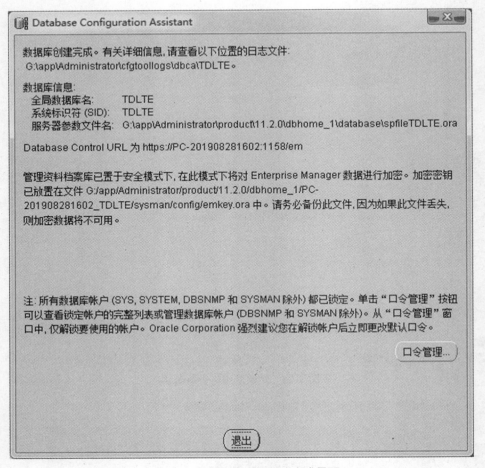

图 2.28　数据库及实例创建完成界面

（29）如图 2.29 所示，创建本地网络服务名，单击"开始－程序－Oracle－OraDb11g_home1－配置"和"移植工具－Net Configuration Assistant"。

图 2.29　选择"Net Configuration Assistant"

（30）如图 2.30 所示，选择"本地网络服务名配置"，点击"下一步"按钮。

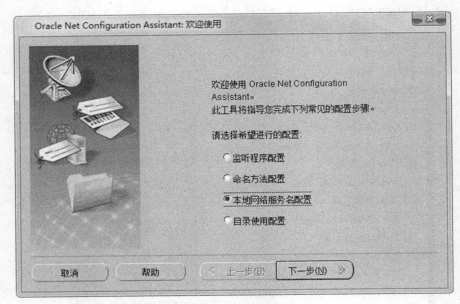

图 2.30　选择本地网络服务名配置

（31）如图 2.31 所示，选择"添加"，点击"下一步"按钮。

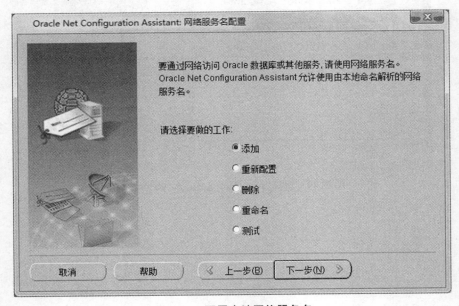

图 2.31　配置本地网络服务名

（32）如图 2.32 所示，填写服务名，可自行填写，点击"下一步"按钮。

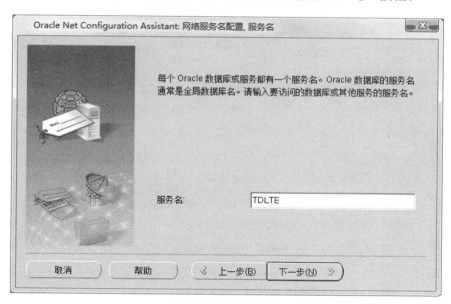

图 2.32　填写服务名

（33）如图 2.33 所示，选择"TCP"协议作为使用的网络协议，点击"下一步"按钮。

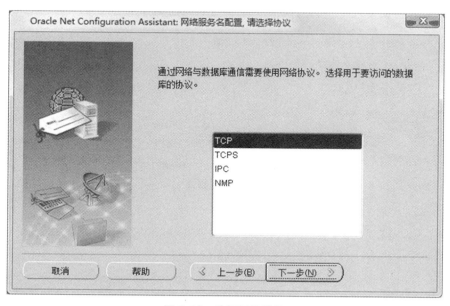

图 2.33　选择网络协议

（34）如图 2.34 所示，填写主机名，可自行填写，选择"使用标准端口号 1521"，点击"下一步"按钮。

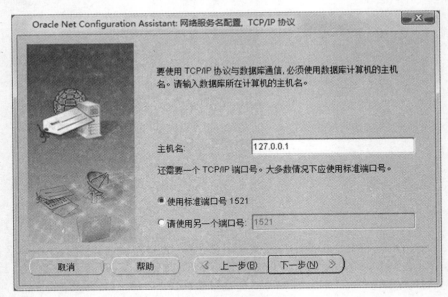

图 2.34 填写主机名和选择端口号

（35）如图 2.35 所示，选择"是，进行测试"，验证数据库连接是否正常，点击"下一步"按钮。

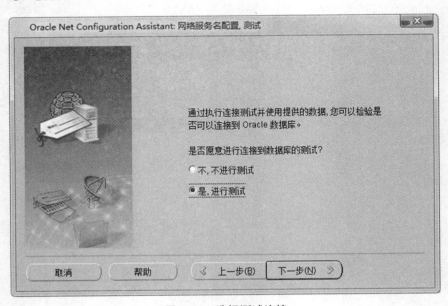

图 2.35 选择测试连接

（36）如图 2.36 所示，点击"更改登录"按钮。

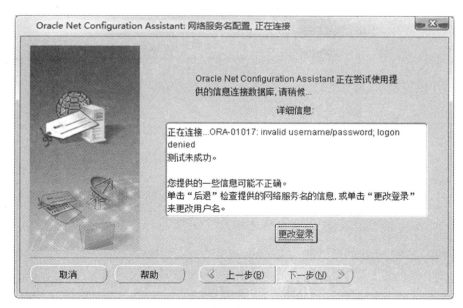

图 2.36　更改登录

（37）如图 2.37 所示，在口令栏里输入之前设置的密码，点击"确定"按钮。

图 2.37　输入口令

（38）如图 2.38 所示，输入正确口令后，正常情况会显示测试成功；如果测试未成功，请检查之前的步骤或密码，点击"下一步"按钮。

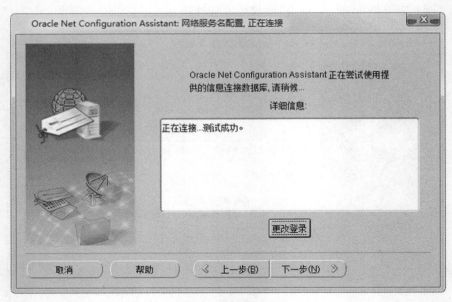

图 2.38　连接测试成功

（39）如图 2.39 所示,填写网络服务名,点击"下一步"按钮。

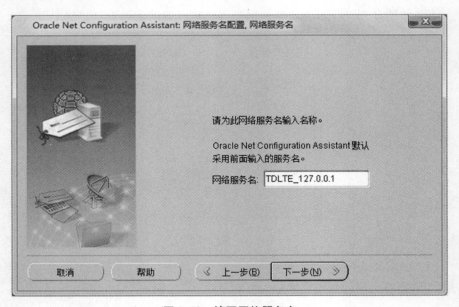

图 2.39　填写网络服务名

（40）如图 2.40 所示，是否配置另一个网络服务名中选择"否"，点击"下一步"按钮。

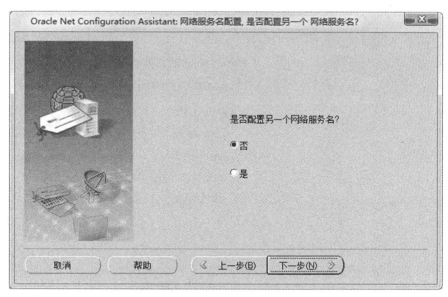

图 2.40　是否配置另一个网络服务名

（41）如图 2.41 所示，网络服务名配置完成，点击"下一步"按钮。

图 2.41　网络服务名配置完成

（42）如图 2.42 所示，完成网络服务名配置，点击"完成"按钮。

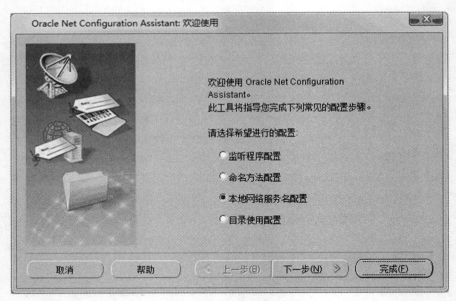

图 2.42 完成网络服务名配置

（43）总结：需特别注意，数据库高级参数 nls_date_format 一定要填写准确，当配置本地网络服务时，完成连接测试就说明基本完成数据库安装及配置。如需安装多个网管软件，可在配置监听程序和示例时多配置几个，一个网管软件对应一个监听程序和示例。

实验 3

ZXSDR_OMMB 软件的安装

 实验目的

（1）熟悉 ZXSDR_OMMB 软件；
（2）掌握 ZXSDR_OMMB 软件安装方法。

 实验环境

计算机、ZXSDR_OMMB 软件。

ZXSDR_OMMB 软件介绍

ZXSDR_OMMB 软件是中兴通信股份有限公司推出的 SDR 多模软基站的支撑管理系统，支持多模软基站的混合组网及灵活部署，是面向基站的运维管理软件。

OMMB 的管理范围涵盖 CDMA/GSM/UMTS/TD-SCDMA/LTE FDD/TD-LTE 各无线制式的 SDR 软基站设备，包括 BBU、RRU 以及外围辅助设备（如电调天线、塔放、陷波器等）。OMMB 所管理的基站类型包括室内型、室外型宏站、分布式宏基站、PICO 基站等。OMMB 支持多制式、多模、多版本基站类型的灵活组网，能对网络进行有效的运维管理。

OMMB 面向的用户包括运行维护人员、用户服务人员以及研发人员。外部交互子系统包括 SDR 多模基站、OSS 运维系统以及第三方网规网优系统。从系统结构上可划分为 GUI 层、业务逻辑层、资源隔离层、接入管理层以及基础 J2EE 平台。

 **实验内容**

完成 ZXSDR_OMMB 软件安装。

 实验步骤

ZXSDR_OMMB 软件安装比较简单,下面以 WIN 7 64 位系统为平台进行简单介绍。

(1) 先下载软件,将软件解压到文件夹中(图 3.1)。

install	2021/10/27 星期...	文件夹	
omc	2021/10/27 星期...	文件夹	
SPTool	2021/10/27 星期...	文件夹	
ums	2021/10/27 星期...	文件夹	
aix-setup.sh	2015/5/25 星期...	SH 文件	2 KB
linux-setup.sh	2015/5/25 星期...	SH 文件	2 KB
setup.sh	2013/8/30 星期...	SH 文件	5 KB
solaris-setup.sh	2015/5/25 星期...	SH 文件	2 KB
windows-setup.exe	2012/9/12 星期...	应用程序	32 KB

图 3.1 文件界面

(2) 双击"windows-setup.exe",进入软件安装界面,如图 3.2 所示,"Language"选择为"Chinese",点击"Next"按钮。

(3) 如图 3.3 所示,勾选"接受《ZTE 软件许可协议》",点击"下一步"按钮。

(4) 如图 3.4 所示,安装类型选择"初始安装",安装类型及说明如表 3.1 所示,安装路径可自行选择,点击"下一步"按钮。

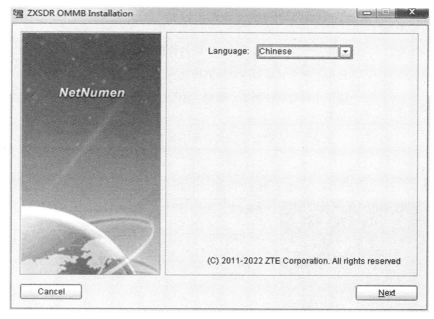

图 3.2 语言选择界面

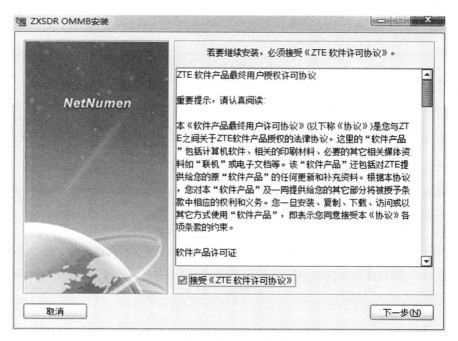

图 3.3 软件许可协议

表 3.1

安装类型	说　明
初始安装	适用于第一次安装或重新安装网管软件的场景
升级安装	适用于网管软件版本升级的场景
增量安装	适用于网管软件版本一致时，为已有网管系统新增其他产品类型的场景
补丁安装	适用于为已有网管系统安装补丁版本的场景

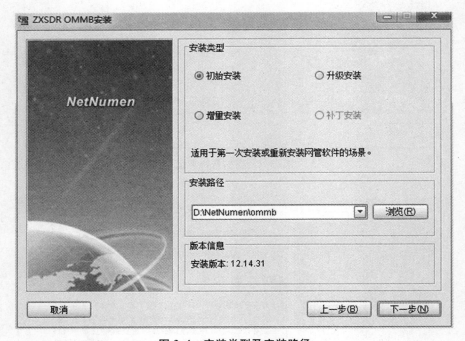

图 3.4　安装类型及安装路径

（5）如图 3.5 所示，无线制式选择为"LTE FDD"＋"TD-LTE"，安装模式选择"服务端和客户端"模式，点击"下一步"按钮。

（6）如图 3.6 所示，按照安装配置 Oracle 数据库时的数据，在"数据库 IP"处填入"127.0.0.1"，"端口号"默认为"1521"，"SID"填入"TDLTE"（如之前不是"TDLTE"，根据实际配置的 ID 填写），各参数说明见表 3.2，输入数据库配置的密码，点击"下一步"按钮。

表 3.2

参数	说　明
数据库类型	支持 Oracle 和 MS SQL Server 数据库
数据库 IP	安装数据库的 IP 地址,如果数据库程序与 OMMB 系统程序均安装在本机,则数据库 IP 地址为本机地址
端口号	Oracle 的默认端口号是"1521",MS SQL Server 的默认端口号是"1433"
SID	填写数据库的实例名,如:orcl
超级用户名	填写数据库的超级用户名,如:system
密码	填写超级用户的使用密码

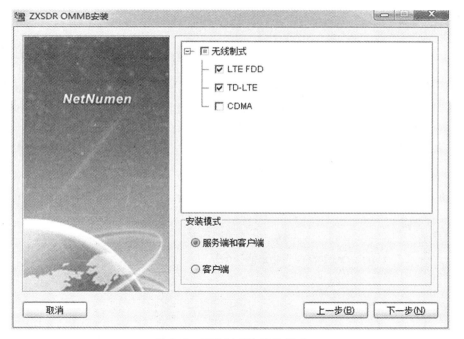

图 3.5　无线制式和安装模式

(7)如图 3.7 所示,成功连接数据库后,最低确保前 6 项成功,尽量 7 项全成功,点击"下一步"按钮。

图 3.6　Oracle 数据库连接

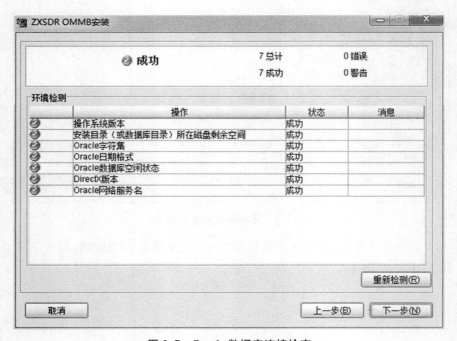

图 3.7　Oracle 数据库连接检查

（8）如图 3.8 所示，检查安装产品信息，点击"安装"按钮。

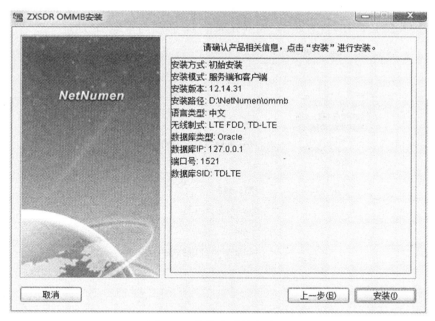

图 3.8 安装产品信息确认

（9）如图 3.9 所示，软件正常自动安装，请耐心等待。

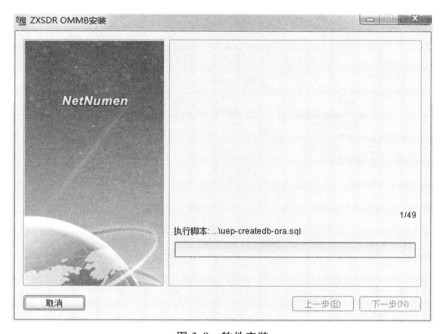

图 3.9 软件安装

（10）如图 3.10 所示，根据实验室环境实际配置，BBU 的 IP 地址固定为"192.254.1.16"，所有在 IP 配置中级联 IP 和网元通信 IP 的网络地址范围是 192.254.1.20－192.254.1.75，且级联 IP 和网元通信 IP 必须与本地 IP 地址一致。

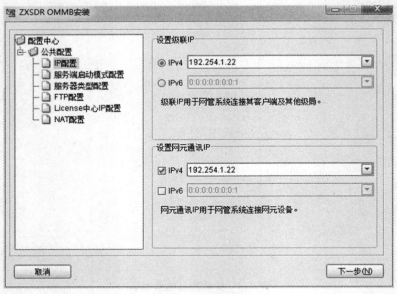

图 3.10　IP 配置

（11）如图 3.11 所示，在设置"服务端启动模式配置"页面中选择"有界面"，点击"下一步"按钮。

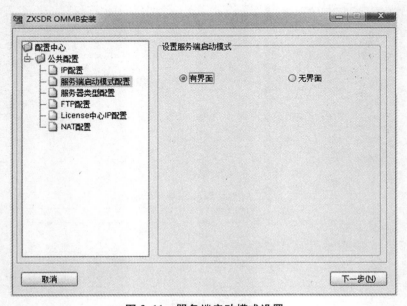

图 3.11　服务端启动模式设置

（12）如图 3.12 所示，ZXSDR_OMMB 软件安装完成，点击"完成"按钮。

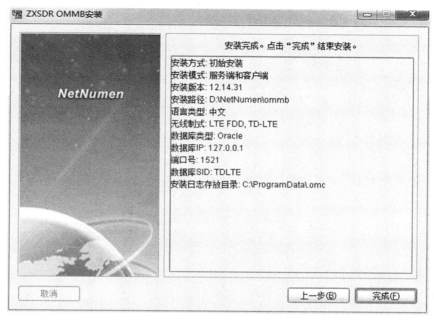

图 3.12　安装完成

（13）如图 3.13 所示，制作客户端自动升级包，点击"是"按钮。

图 3.13　客户端升级包

（14）如图 3.14 所示，制作客户端自动升级包需耗时几分钟，请耐心等待。

图 3.14　客户端升级包制作

（15）如图 3.15 所示，制作客户端自动升级包已完成，点击"是"按钮。

图 3.15　客户端升级包制作完成

（16）如图 3.16 所示，启动"ZXSDR_OMMB"软件服务端，单击"开始－程序－ZXSDR_OMMB－服务端"。

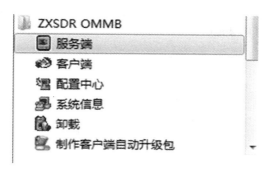

图 3.16　启动服务端

（17）如图 3.17 所示，当 NetNumen 网络管理进程和 FTP 进程操作结果都显示为成功时，服务端启动成功。

网络管理进程如下：

选择"NetNumen 网络管理进程"页签。

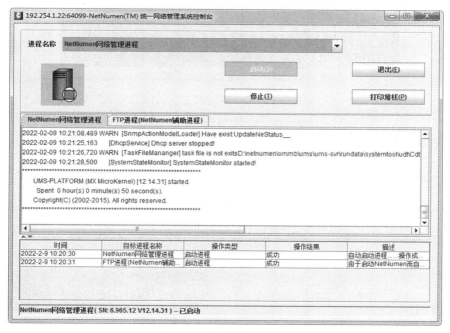

图 3.17　启动服务端成功

如果网络管理进程当前正处于"已停止"状态，则"启动"按钮可用，单击"启动"按钮，启动网络管理进程。

如果网络管理进程当前正处于"已启动"状态，则"停止"按钮可用，单击"停止"

按钮,停止网络管理进程。

　　FTP 进程:FTP 进程随着网络管理进程的启、停而自动启、停,不能单独启、停。

　　(18) 如图 3.18 所示,启动 ZXSDR_OMMB 软件客户端,单击"开始－程序－ZXSDR_OMMB－客户端"。

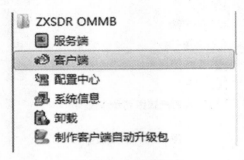

图 3.18　启动服务端

　　(19) 如图 3.19 所示,ZXSDR_OMMB 软件客户端启动成功。

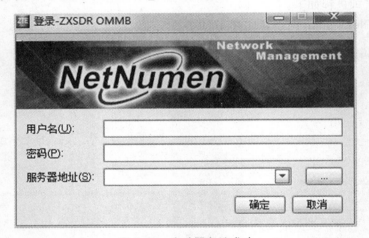

图 3.19　启动服务端成功

　　(20) 如图 3.20 所示,单击"添加(A)…"按钮,添加服务器地址。

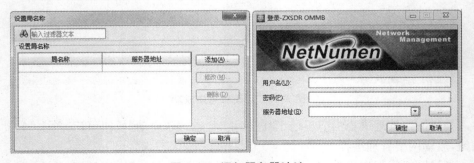

图 3.20　添加服务器地址

（21）如图 3.21 所示，单击"添加"按钮，填写局名称和服务器地址，地址与之前设置的服务器地址相同，点击"确定"按钮。

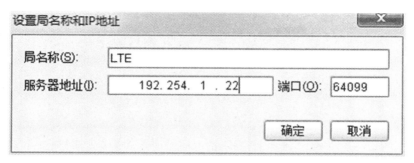

图 3.21　填写服务器地址

（22）如图 3.22 所示，用户名填写为"admin"，密码为空，服务器地址下拉选择为添加的地址，点击"确定"按钮。

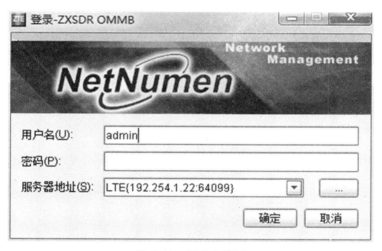

图 3.22　用户名填写

（23）如图 3.23 所示，ZXSDR_OMMB 软件客户端登录成功。

图 3.23　客户端登录成功

实验 4

ZXSDR_OMMB 软件的使用

 实验目的

（1）熟悉 ZXSDR_OMMB 软件；
（2）掌握 ZXSDR_OMMB 软件的操作方法。

 实验环境

计算机、ZXSDR_OMMB 软件。

ZXSDR_OMMB 功能简介

ZXSDR_OMMB（以下简称 OMMB）位于网元管理层，为基站提供子网级管理功能，包括集中的配置管理、告警监控、性能数据上报、版本管理、安全管理、诊断维护等；基于 J2EE 架构设计，支持分布式、组件化部署；为基站的物理资源建立统一的 MO 模型。OMMB 面向用户管理的统一建模，减少了产品制式间的差别，统一了表现方式，方便跨产品操作，提高了兼容能力，增强了北向穿透能力；系统支持双机互备和异地容灾备份，具备高可靠性、高容错性和连续性的工作特点。OMMB 采用标准的 SNMP V3/FTP 南向协议，支持与第三方应用系统的集成；具有分权分域安全管理机制。OMMB 在大容量网络或多运营商共享场景下，通过划分地理域或业务域，为不同操作集提供差异化的授权，来获得细粒度的安全管理能力；网络管理功能区分基础型和增强型，功能模块可选择性装配，通过 License 授权决定用户的使用限制；可运行在 Windows/Linux/AIX/Solaris

操作系统上，数据库存储支持 Oracle 10G（及以上版本）以及 MS SQL Server 2005（及以上版本）；支持 GUI 界面和命令行方式操作；具有多版本兼容管理能力。

OMMB 支持非扁平化基站与扁平化基站之间多种形态的混合组网方式；其具有单模到多模、多模到多模、多模到单模、平滑加载/卸载制式的能力；具有与历史存量 OMM 系统集成的能力。当 OMMB 在 EMS、OSS 不在位时，可以进行独立部署，提供快速开站的能力；当 EMS、OSS 在位时，可以和 EMS 共机部署，也可以独立部署，为它们提供网元数据的接入、汇聚、适配的功能；对于 CDMA、TD-SCDMA、GSM、UMTS 4 种有控制器的网元，其支持部署在 BSC/RNC 的 SBCX/SBCJ 单板上。而对于 LTE 等扁平化网元或多模应用时，OMMB 通常部署在独立的服务器上或者与 EMS 共机部署。OMMB 服务器通常情况下会弱化为适配通道。

OMMB 构建了基于 MO 的统一资源模型；其公共管理模块与组网产品弱相关、低耦合，具有统一的界面、统一的操作流程和统一的用户体验。OMMB 支持多运营商共享物理设备，如站点、铁塔、天馈、机架、电源和传输等设备；支持多运营商共享频率、频点；根据不同用户权限的授权，支持按不同用户的权限提供独立的拓扑呈现和管理功能；基于功能和容量的 License，支持最细粒度到小区，控制对不同运营商的功能分配。

实验内容

学习完成 ZXSDR_OMMB 软件的使用操作。

实验步骤

ZXSDR_OMMB 软件主要有 2 个窗口：功能窗口和显示窗口，如图 4.1 所示。功能窗口包含基站选择和功能选择，显示窗口主要进行数据修改显示。

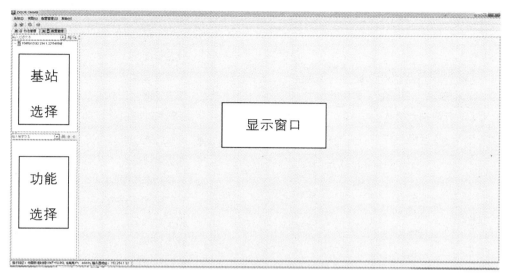

图 4.1 ZXSDR_OMMB 软件界面

图 4.1 最上面一行为主菜单栏,包含如下命令:系统、视图和帮助,单击任意菜单命令后,都将弹出其下拉的子菜单命令列表。

1. 系统菜单

如图 4.2 所示,系统菜单包括锁定屏幕、注销、显示关闭工具条、显示关闭状态条、显示关闭消息区域等。

2. 视图菜单

如图 4.3 所示,视图菜单是 ZXSDR_OMMB 软件最重要的功能,包含了对移动通信网络所有的操作,包括安全管理、系统管理、日志管理、策略管理、命令终端、配置管理、软件版本管理、AISG 设备管理、告警监视、动态管理、诊断测试、系统工具、信息采集、射频分析和 LTE 基站级 License 管理。

(1) 配置管理包括配置子网与网元、运营商、系统参数、设备、传输网络、各制式无线参数以及配置数据同步、数据备份与恢复、数据导入导出与批量修改、数据从网元上载等。

配置管理主界面如图 4.4 所示。

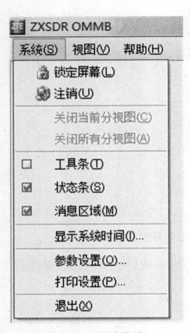

图 4.2 系统菜单

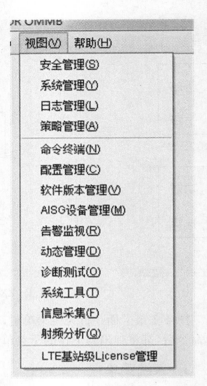

图 4.3 视图菜单

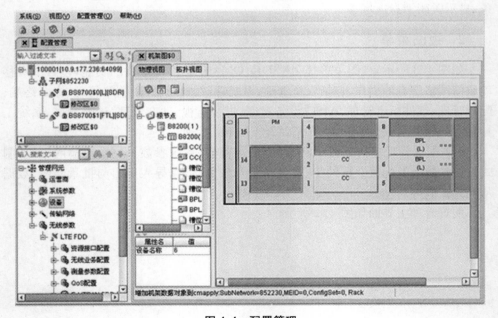

图 4.4 配置管理

（2）通过动态管理可对基站动态数据进行管理，通过指定资源对象执行动态命令，达到管理资源的目的。

动态管理的主界面如图 4.5 所示。

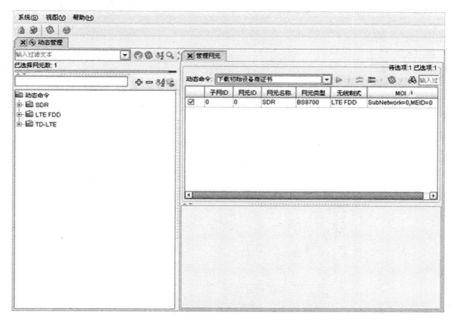

图 4.5　动态管理

（3）软件版本管理负责管理 OMMB 服务端和网元上各单板的版本文件，包括对 OMMB 或网元上各单板版本文件的添加与删除以及对网元版本升级、激活、查询。

软件版本管理的主界面如图 4.6 所示。

图 4.6　软件版本管理

（4）AISG 设备管理模块提供对符合 AISG V1.1、V2.0 及 NSN 协议的电调天线进行扫描和升级的功能，使用户能够便捷地了解天线的运行情况，及时对天线进行升级，为开局和维护工作带来便利。

AISG 设备管理的主界面如图 4.7 所示。

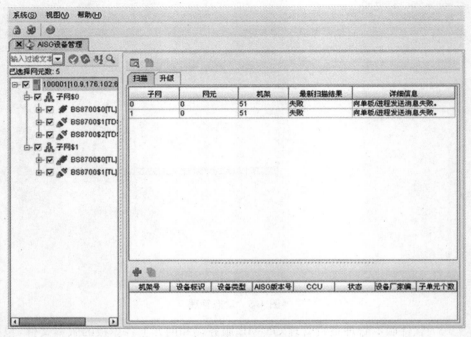

图 4.7　AISG 设备管理

（5）使用信息采集功能采集网管和网元的相关故障信息，以便操作维护人员分析系统中存在的问题。

信息采集的主界面如图 4.8 所示。

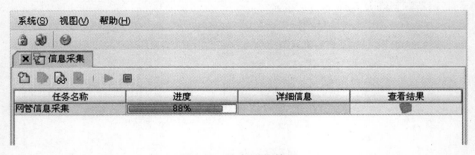

图 4.8　信息采集管理

（6）射频分析对基站射频子系统的指标进行实时观察和测量，使用户能够实时监测射频模块的运行状态，方便定位射频故障和分析无线干扰。

射频分析的主界面如图 4.9 所示。

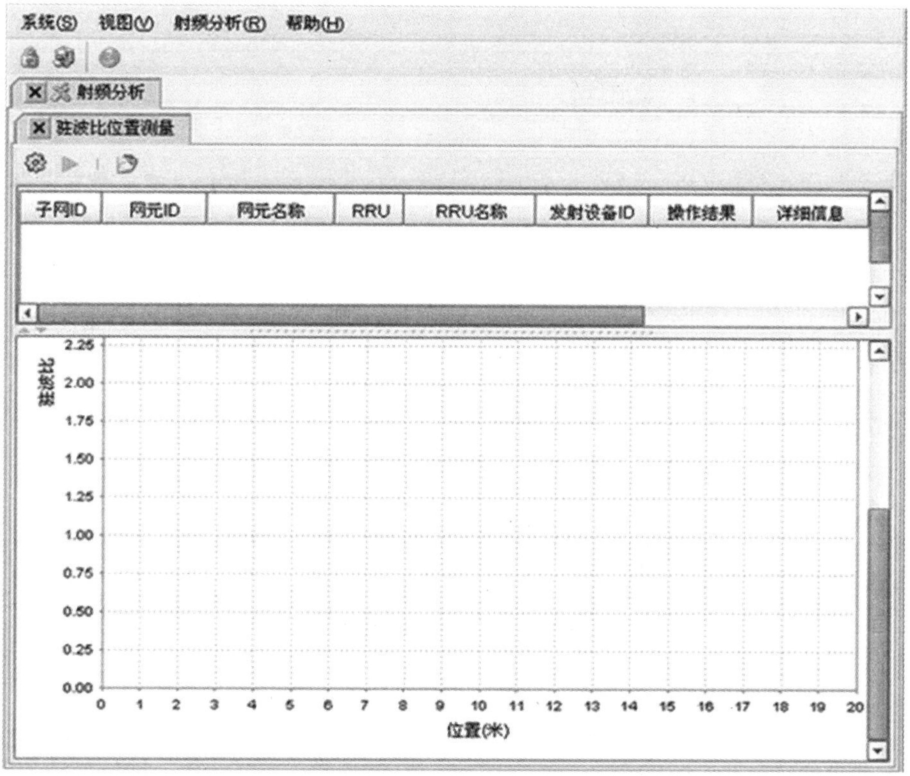

图 4.9　射频分析管理

（7）全网级 License 只能完成子网以上级别的鉴权，不能满足更细粒度的鉴权需求。因此，LTE 产品引入了基站级 License 鉴权，实现了网元粒度与小区粒度的鉴权。LTE 基站级 License 鉴权统一在基站侧完成。而网管侧实现 License 客户端系统，其支持加载 License 文件加载内容，查看项鉴权信息管理等功能。LTE 基站级 License 管理包括 License 文件加载与相关信息查询、License 鉴权结果查询等功能模块，其主界面如图 4.10 所示。

（8）帮助菜单如图 4.11 所示，包括"帮助主题（H）"和"关于（A）"。

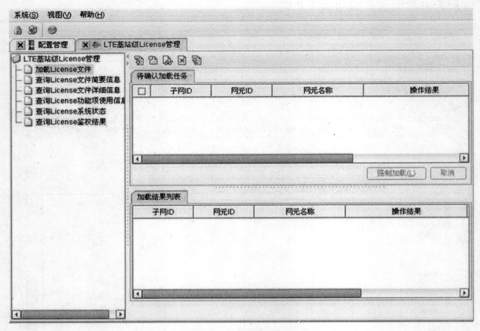

图 4.10　射频分析管理

图 4.11　帮助菜单

实验 5

e.NodeB 系统结构认识

实验目的

（1）掌握 e.NodeB 系统结构；
（2）熟悉 ZXSDR B8300 TL200。

实验环境

计算机、ZXSDR B8300 TL200。

实验内容

了解中兴 ZXSDR B8300 TL200 设备。

5.1　TD-LTE 基站介绍

5.1.1　ZXSDR B8300 TL200 概述

1. 产品应用

（1）应用场景
ZXSDR B8300 TL200 适用于大容量建网需求的市场，包括以下情况：

① 全球室内、室外分布式系统；

② BBU 集中放置，中等容量基带池需求；

③ 单站扩容情况；

④ 容量较大的多模共站应用。

（2）解决方案

ZXSDR B8300 TL200 的解决方案如下：

① 密集城区覆盖方案：

低功耗的绿色方案；

多天线技术，有助于解决复杂的天线传播问题；

灵活的安装方式，场地占用小，可极大节省场地租用费用。

② 郊区和偏远地区覆盖方案：

多天线技术，有助于扩大覆盖范围，减少站点数量；

灵活的安装方式，场地占用小，可极大节省场地租用费用；

高可用性和环保设计有助于减少运维成本。

③ 室内覆盖方案：

深度覆盖室内区域，比如对地下商场、地下广场、大型超市有足够的覆盖能力；

易于部署，安装和维护成本小；

易于容量提升。

④ 超远距离覆盖方案：

适用于超长、超远环境下的各种情况。

⑤ 高速覆盖方案：

高强的算法可保证减少多普勒偏移；

革新的超小区方案有助于减少切换时间，增强用户体验。

（3）网络架构

中兴常见的分布式基站解决方案如图 5.1 所示，主要由 eBBU、eRRU、天线和线缆构成：

实验室 eBBU 使用型号为 ZXSDR B8300 TL200，ZXSDR B8300 TL200 实现 eNodeB（即演进型 NodeB，是 LTE 中基站的名称）的基带单元功能，与射频单元 RRU 通过基带 - 射频光纤接口连接，构成完整的 eNodeB。

ZXSDR B8300 TL200 与 EPC 通过 S1 接口连接，而其他 eNodeB 通过 X2 接口连接。

ZXSDR B8300 TL200 在网络中的位置如图 5.2 所示。

2. 产品功能

ZXSDR B8300 TL200 作为多模 BBU，主要提供 S1/X2 接口、时钟同步、BBU 级联接口、基带射频接口、OMC/LMT 接口、环境监控接口等，实现业务及通信数

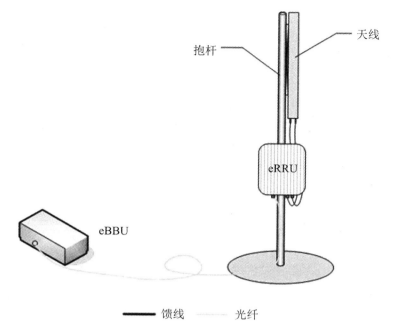

图 5.1　中兴分布式基站

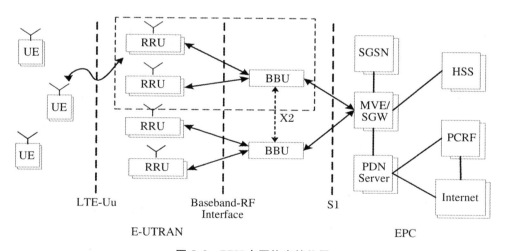

图 5.2　BBU 在网络中的位置

据的交换、操作维护功能,具体如下:

① 支持 R9 10－06 协议中描述的各种业务、各种功能和性能要求,可配置支持包括 IP 传输在内的多种传输方式,可配置支持 AISG 接口的电调天线;

② 系统通过 S1 接口与 EPC 相连,完成 UE 请求业务的建立及 UE 在不同 eNodeB 间的切换;

③ 系统通过 X2 接口与其他 eNodeB 相连,完成 UE 在不同 eNodeB 间的切换;

④ BBU 与 RRU 之间通过标准 LTE Ir 接口连接,与 RRU 系统配合,通过空中接口完成;

⑤ UE 的接入和无线链路传输;

⑥ 数据流的 IP 头压缩和加密/解密;

⑦ 管理无线承载控制、无线接入控制、移动性管理、动态资源等无线资源;

⑧ UE 附着时的 MME 选择;

⑨ 路由用户面数据到 S-GW;

⑩ 寻呼消息调度与传输;

⑪ 移动性及调度过程中的测量与测量报告;

⑫ PDCP、RLC、MAC、ULPHY、DLPHY 数据处理;

⑬ 通过后台网管(OMC/LMT)提供配置管理、告警管理、性能管理、版本管理、前后台通信管理、诊断管理等级操作维护功能;

⑭ 提供集中、统一的环境监控,支持透明通道传输;

⑮ 支持所有单板、模块带电插拔;

⑯ 支持远程维护、检测、故障恢复、远程软件下载;

⑰ 支持 TD-SCDMA、TD-LTE 双模组网;

⑱ 支持超级小区(SuperCell)功能;

⑲ 充分考虑支持 SON 功能。

3. 产品特点

ZXSDR B8300 TL200 具有以下特点:

(1) 大容量

ZXSDR B8300 TL200 支持多种配置方案,其中每一块 BPL 都支持 2/4/8 天线 20 MHz/10 MHz 小区配置。

(2) 技术成熟,性能稳定

ZXSDR B8300 TL200 采用 SDR 平台,该平台广泛应用于 CDMA、GSM、UMTS、TD-SCDMA 和 LTE 等大规模商用项目,技术成熟、性能稳定。

(3) 支持多种标准,平滑演进

ZXSDR B8300 TL200 支持包括 GSM、UMTS、CDMA、WiMAX、TD-SCDMA、LTE 和 A-XGP 在内的多种标准,可以满足运营商灵活组网和平滑演进的需求。

(4) 设计紧凑,部署方便

ZXSDR B8300 TL200 采用标准 MicroTCA 平台,体积小,设计深度仅 197 mm,可以独立安装或挂墙安装,可节省机房空间,减少运营成本。

（5）全 IP 架构

ZXSDR B8300 TL200 采用 IP 交换，提供 GE/FE 外部接口，适应当前各种传输场合，可满足各种环境条件下的组网要求。

5.1.2　产品组成

1. 产品外观

ZXSDR B8300 TL200 采用 19 in（482.6 mm）标准机框，高度为 3U，产品外观如图 5.3 所示，主要包含 PM 单板、CC 单板、BPL 单板、SA 单板和 FAN 模块等。

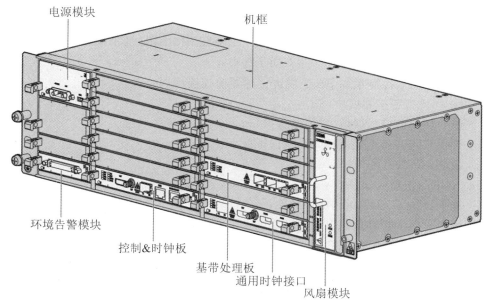

图 5.3　BBU 产品图

2. 模块功能

如图 5.3 所示，ZXSDR B8300 TL200 的功能模块包括：控制 & 时钟板（CC）、基带处理板（BPL）、环境告警模块（SA）、环境告警扩展模块（SE）、交换单板（FS，选配）、电源模块（PM）、风扇模块（FA）和通用时钟接口板（UCI，选配）。

① 控制 & 时钟板（CC）：

支持主备倒换功能；

提供系统时钟，支持 GPS、bits 时钟、线路时钟、IEEE1588V2；

支持一个 GE 以太网接口（光口、电口二选一）；

GE 以太网交换,提供信令流和媒体流交换平面;

提供调试 RS232 接口;

机框管理功能;

支持时钟级联功能;

支持配置外置 GPS 接收机功能;

通信扩展接口(OMC、DEBUG 和 GE 级联网口);

提供 mini-USB 接口,可使用 U 盘进行版本升级。

② 基带处理板(BPL):

提供和 RRU 的光接口;

实现用户面处理和物理层处理,包括 PDCP、RLC、MAC、PHY 等。

③ 环境告警模块(SA):

支持风扇转速控制及监控;

为外挂的监控设备提供扩展的全双工 RS232 与 RS485 通信通道;

提供 6 路输入干接点和 2 路双向干接点;

提供与风扇控制模块 FA 的温度传感器监控接口。

④ 环境告警扩展模块(SE):

作为环境监控扩展板,扩展监控接口;

提供 6 路输入干接点和 2 路双向干接点。

说明:SE 为选配模块。

⑤ 电源模块(PM):

输入过压、欠压测量和保护功能;

输出过流保护和负载电源管理功能;

具有防雷、防接反、缓启动功能。

⑥ 风扇模块(FA):

提供风扇控制的接口和根据温度自动调节风扇速度的功能;

提供检测进风口温度的功能。

⑦ 交换单板(FS):

交换单板与基带处理板一起完成基带资源到射频单元的任意交换功能。

说明:FS 为选配模块。

3. 对外接口

ZXSDR B8300 TL200 设备对外接口如图 5.4 所示。

ZXSDR B8300 TL200 对外接口描述见表 5.1。

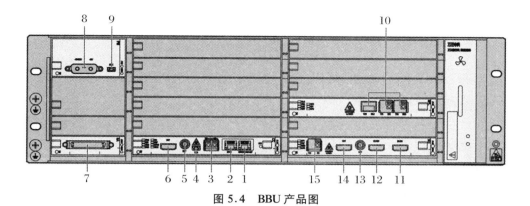

图 5.4   BBU 产品图

表 5.1   ZXSDR B8300 TL200 对外接口

标号	接口名	单板功能	接口功能描述
1	DEBUG/CAS/LMT	CC	级联、调试或本地维护接口,GE/FE 自适应电口
2	ETH0	CC	S1/X2 接口,GE/FE 自适应电口
3	TX/RX	CC	S1/X2 接口,GE/FE 光口(ETH0 和 TX/RX 接口不能同时使用)
4	USB	CC	数据更新
5	REF	CC	与 GPS 天线相连的外部接口
6	EXT	CC	外置通信口,连接外置接收机,时钟级联,测试用时钟接口
7	SA 接口	SA	RS485/232 接口,6 + 2 干接点接口(6 路输入,2 路双向)
8	−48V/−48VRTN	PM	−48 V 输入
9	MON	PM	调试用接口,RS232 串口
10	TX0/RX0~TX2/RX2	BPL	3 对 2.4576 G/4.9152 G/6.144 G 光口,与 RRU 互联
11	DLNK1	UCI	HDMI 时钟接口 3,提供 2 路 1PPS + TOD 分路输出或者 4 路 1PPS + TOD 合路输出
12	DLNK0	UCI	HDMI 时钟接口 2,提供 2 路 1PPS + TOD 分路输出或者 4 路 1PPS + TOD 合路输出
13	REF	UCI	外接 GPS 天线
14	EXT	UCI	HDMI 时钟接口 1,外置 GPS 串口和 1PPS + TOD 合路输入
15	TX/RX	UCI	连接到 RGPS 的光接口

5.1.3 软件组成

ZXSDR B8300 TL200 软件系统可以划分为三层:应用软件层、SDR 统一平台软件层和硬件层,如图 5.5 所示。

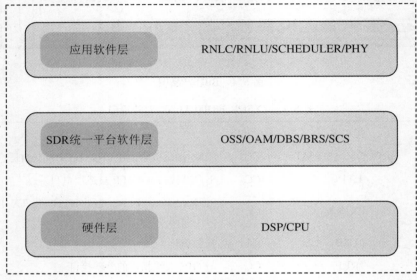

图 5.5 软件结构图

软件系统各部分功能如下:

1. 应用软件层

① RNLC:负责 LTE 无线协议的控制面功能,主要完成 RRC/RB 管理、无线资源管理、移动性管理、广播寻呼处理,同时完成与核心网 S1 链路与其他基站 X2 链路的维护管理;

② RNLU:负责 LTE 无线协议的用户面功能,主要完成空口的 PDCP、RLC、DMAC 协议处理,同时完成 S1、X2 口的 GTPU 协议处理;

③ SCHEDULER:调度器子系统负责空口动态资源的调度,确定给信道、UE 的上下行资源及调制编码方式等;

④ PHY:提供 LTE 物理层功能。

2. SDR 统一平台软件层

① OSS:在底层商用操作系统的基础上对上层应用提供完全的操作系统支撑运行平台,提供进程调度机制、内存管理、设备管理、定时器管理、文件系统、进程通

信等功能；

② OAM：实现 OMC 和 LMT 在前台的操作维护代理功能，根据功能特点，分为配置管理功能、故障管理功能、诊断测试、性能管理、版本管理、通信模块、信令跟踪等部分；

配置管理：提供对设备的硬件、驱动、软件子系统的配置管理，包括：前后台数据同步、数据修改的重配、数据初始配置等；

故障管理：包括告警上报、告警查询、告警过滤、告警同步等；

诊断测试：包括链路连通性（比如：外部以太网口、LTE Ir 光口、板间以太网链路、DSP 核间 SRIO 链路等）检测功能，环境监控、RRU 相关功率测试、驻波比测试、接口误码率测试、通道检测等；

性能管理：包括测量任务管理、实时性能和 KPI 等实时监测和采集等；

版本管理：主要包括对系统中主控及外围单板的高层及 DSP、FPGA 等软件的版本管理、软件升级及激活、测试激活等功能；

通信模块：包括对前后台通信链路和板间的通信链路的维护管理；

信令跟踪：包括 SCTP、Uu 口、S1 口、X2 口、基带板等处理过程的信令跟踪等；

RRU 管理：支持 Ir 接口对 RRU 进行管理，包括对软件版本、通信链路、参数配置、时延测量、田间校准等功能；

③ DBS：实现整个系统软件的数据管理和维护，为系统软件的其他子系统提供数据库操作接口，同时接受 OAM 的后台配置数据；

④ BRS：主要是为 eNodeB 的 IP 传输部分提供通信承载，完成 TCP/IP 协议栈的各层协议的实现和对 eNodeB 传输资源的配置和管理功能。

BRS 子系统主要实现如下功能：

配置基站传输资源：包括对 GE 资源、IP 资源、IP 路由、SCTP 资源、OMC 资源的配置；

链路层：以太网、VLAN、802.1P 等协议功能；

网络传输层功能：提供 IPv4、ARP、ICMP、UDP、TCP、SCTP、DHCP 等协议支持；

传输资源接纳控制功能：实现了传输接纳控制的框架，可以通过业务层的业务接纳请求分配传输资源，实现对传输层资源的统一分配管理；

SON 相关的功能：基站自发现、传输自建立等；

时间同步功能：支持 1588V2 协议实现基站间的时间同步；

可调可测部分：提供关键报文的信令跟踪功能，如 SCTP、协议栈报文统计功能、IP 质量检测功能、BRS PING 支持等。

⑤ SCS：提供系统管理功能，包括系统上电控制、倒换控制、插箱管理、设备运行控制等。

3．硬件层

提供 DSP 和 CPU 支撑平台。

DSP 基带支撑平台屏蔽了复杂的底层操作，给应用提供统一的访问接口，保证上层应用可以方便地在不同 DSP 平台上移植。

5.1.4 组网应用

1．星型组网

星型组网模型如图 5.6 所示。

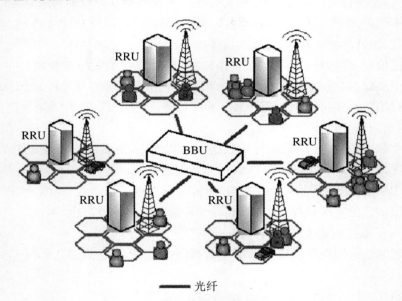

图 5.6 星型组网图

星型组网适用于一般的应用场合，如城市人口稠密的城区。

2．链型组网

在 ZXSDR B8300 TL200 的链型组网模型中，RRU 通过光纤接口与 ZXSDR B8300 TL200 或者级联的 RRU 相连，ZXSDR B8300 TL200 支持最大 4 级 RRU 的链型组网，组网模型如图 5.7 所示。

链型组网方式适合于呈带状分布、用户密度较小的地区，可以大量地节省传输设备。

ZXSDR B8300 TL200 的典型配置，参见表 5.2。

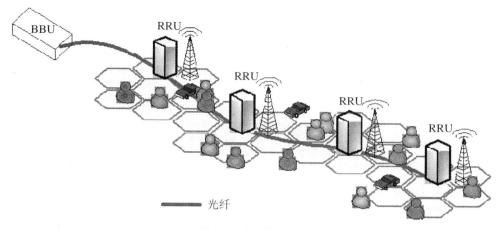

图 5.7　链型组网图

表 5.2　ZXSDR B8300 TL200 的典型配置

单板名称	说明	配置数量			
		2 天线 1 扇区/ 2 天线 2 扇区/ 2 天线 3 扇区	8 天线 3 扇区	8 天线 3 扇区 + 2 天线 3 扇区	4 天线 6 扇区
CC	控制和时钟板	1	2(主备)	2(主备)	3
BPL	基带处理板	1	3	4	3
SA	现场告警板	1	1	1	1
PM	电源模块	1	1	2	1
FA	风扇模块	1	1	1	1

SE 模块为选配组件,要求配置 16 路 E1/T1 接口、2 路 RS232/RS485 接口、16 路干接点需求时 SA 和 SE 配合使用。

实验 6

TD-LTE 基站的开通

实验目的

（1）掌握 TD-LTE 基站的开通方法；

（2）激活 LTE 小区，测试终端接收到的 4G 信号。

实验环境

计算机、ZXSDR OMMB 软件、ZXSDR B8300、ZXUN iEPC、R8972。

实验内容

完成 TD-LTE 基站开通，激活小区。

实验步骤

TD-LTE 基站开通流程如图 6.1 所示。如图 6.2 所示，点击视图，选择配置管理。

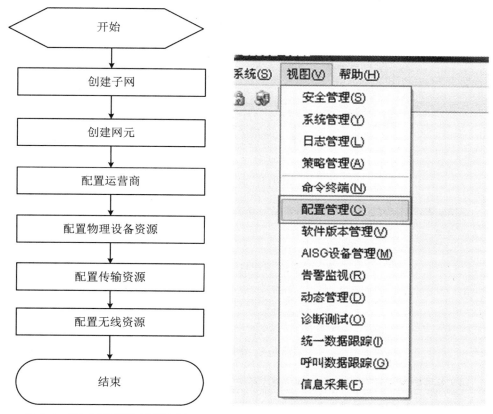

图 6.1   TD-LTE 基站开通流程   图 6.2   配置管理

1. 创建子网

（1）创建子网

如图 6.3、图 6.4 所示，用户标识可以自由设置，子网 ID 不可重复，子网类型可选择 E-UTRAN 子网（适用于无 RNC 情况），如配置多个子网，点击"推荐值"按钮。

用户标识可根据需要填写，子网 ID 需与核心网 ID 一致，本示例实验室位置为"0"，子网类型选择为"接入网"。

（2）创建网元

如图 6.5 所示，创建网元。

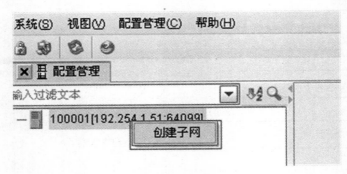

图 6.3　创建子网

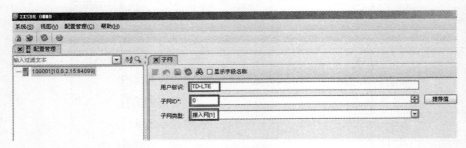

图 6.4　子网信息

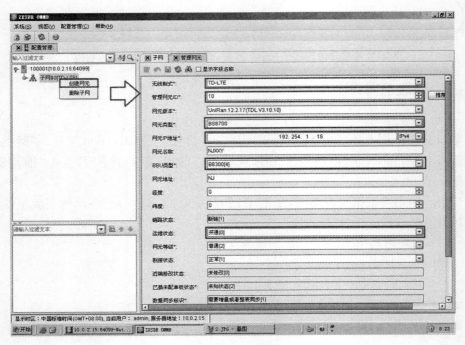

图 6.5　创建网元

① 网元制式:根据前台类型,双模选择 TDTL;

② 网元类型:选择前台的站型,TDD 双模,网元类型已经统一为 BS8700;

③ 网元 IP 地址:即基站和外部通信的 eNodeB 地址(若在实验室适用 Debug 口直连 1 号槽位的 CC,直接配置为 192.254.1.16;若在实验室适用 Debug 口直连 2 号槽位的 CC,直接配置为 192.254.2.16);

④ 根据前台 BBU 机架类型选择"8300";

⑤ 运维状态选择"开通"。

(3) 申请互斥权限

如图 6.6 所示,同一时间只允许一位用户对同一个基站进行修改,故修改参数需要申请互斥权限,以免出现多位用户同时修改同一基站的情况。

图 6.6　申请互斥权限

申请互斥权限后才能解锁,获得后续操作的权限。

(4) 运营商配置

如图 6.7 所示,点击"运营商",修改运营商名称,通常根据提供服务的运营商填写,填写实验室亦可。如果双击运营商后是空白,则点击"新增",后续操作类似。点击"PLMN",按要求填写移动国家码和移动网络码。

如图 6.8 所示,移动国家码 MCC(Mobile Country Code)的资源由国际电联(ITU)统一分配和管理,用于唯一识别移动用户所属的国家,识别码共 3 位,中国为 460。移动网络码 MNC(Mobile Network Code)用来标识唯一一个移动设备的

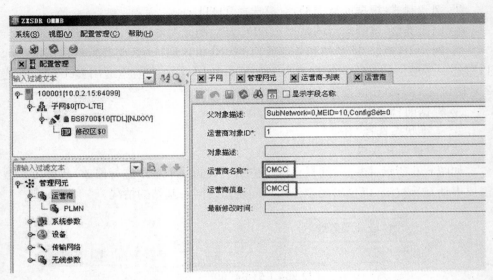

图 6.7　运营商配置

网络运营商。这些运营商可以是 GSM/LTE、CDMA、iDEN、TETRA 和通用移动通信系统的公共陆基移动网或卫星网络,在实验室中可以按要求填写。

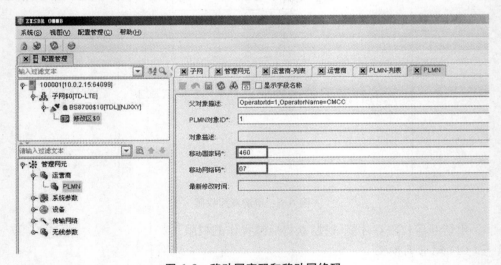

图 6.8　移动国家码和移动网络码

(5) 添加 BBU 侧设备

如图 6.9～图 6.11 所示,添加 BBU 设备:点击"网元",选中"修改区",双击"设备"后,会在右边显示出机架图。根据前台实际位置情况添加 CCC(即 CC16)板,以及其他单板。

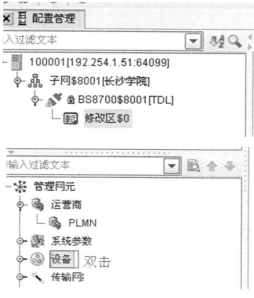

图 6.9　点击网元,选中修改区

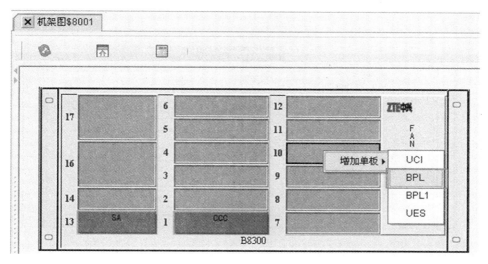

图 6.10　机架图 1

(6) 配置 RRU

如图 6.12 所示,在机架图上点击 ▦ 图标添加 RRU 机架和单板,RRU 编号可以自动生成,也可由用户填写,但是前台有限制,为 51~107,请按前台的编号范围填写。添加 RRU,右键点击"设备",点击添加 RRU,会弹出 RRU 类型选择框,选中所需类型即可。

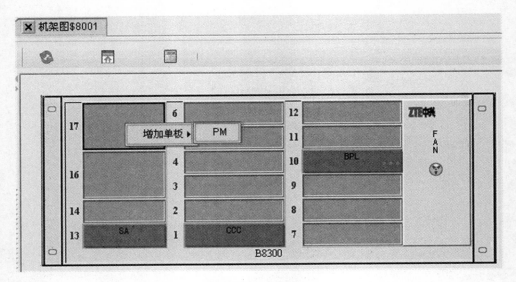

图 6.11　机架图 2

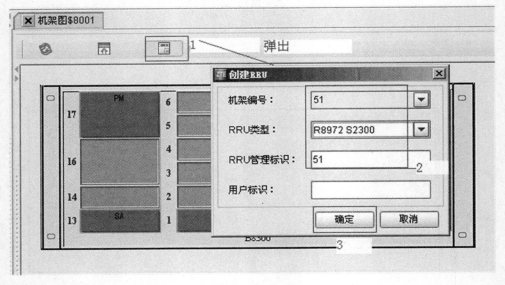

图 6.12　配置 RRU

(7) BPL 光口设备配置

如图 6.13 所示,添加单板后,每个单板都会连带生成一些基础设备集,如光口设备、环境监控设备、Aisg 设备、接收发送设备等。不同的单板连带生成的设备都是不同的,点击单板,就可以看到相应的生成设备有哪些,可根据单板、RRU 支持的光模块类型及光口协议进行相应的修改。

图 6.13　光口设备

如图 6.14 所示，根据实验室配置，选择光模块为"6G"，光模块协议类型选择"PHY LTE IR"。

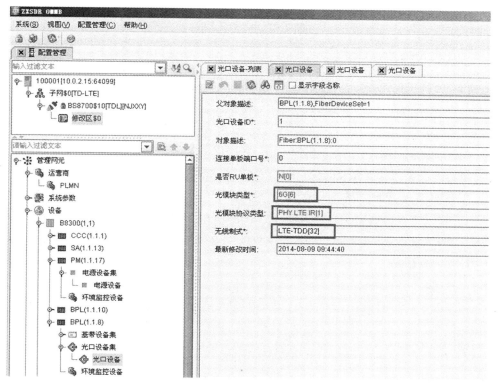

图 6.14　光口设备配置

如图 6.15 所示,连接方式根据实验室配置选择"单光纤上联",自动调整数据帧头。

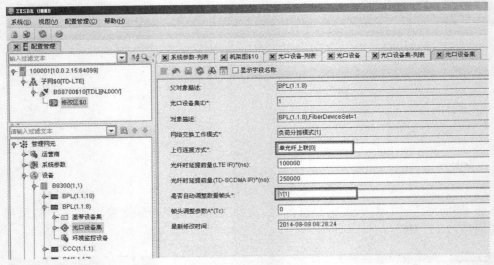

图 6.15　单光纤上联

（8）光纤配置

如图 6.16 和图 6.17 所示,光纤配置是配置光接口板和 RRU 的拓扑关系。光纤的上级对象光口和下级对象光口必须存在,上级对象光口可以是基带板的光口,也可以是 RRU 的光口,需要检查 RRU 是否支持级联;光口的速率和协议类型必须匹配。点击下拉箭头,可以选择"上下级光口";实验室的 RRU 是直连 BPL 基带板,所以拓扑结构中的上级光口需选择为"BPL 板",端口号与 BPL 板上插的接口应一致;下级光口连接 RRU 接口也应与实际设备连接一致。

（9）配置天线物理实体对象

实验室设备是通用蘑菇头天线,所以使用的天线属性选择为"201",如图 6.18 所示。RRU 的天线是 2 根,所以天线的物理实体对象需要配置 2 条,配置为 2 个不同编号,如图 6.19 所示。

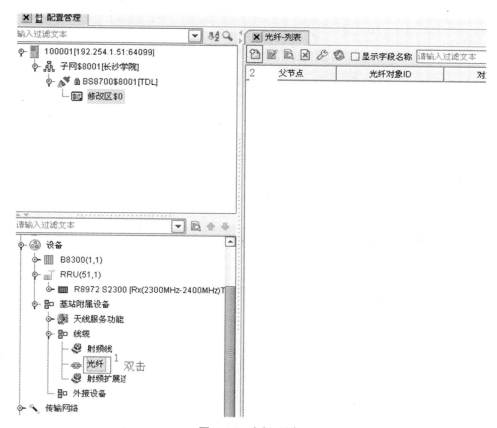

图 6.16　光纤-列表

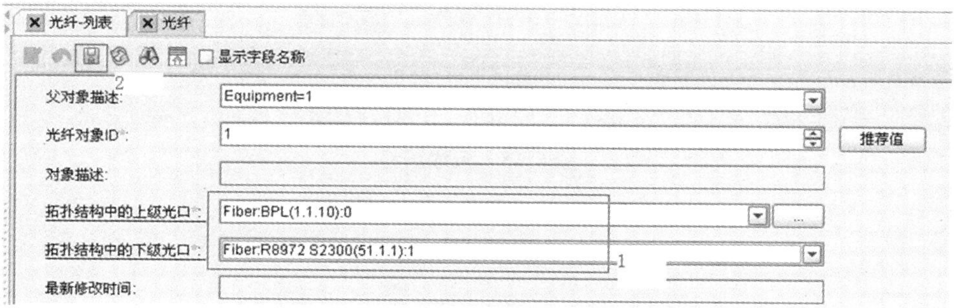

图 6.17　光纤的上级光口和下级光口

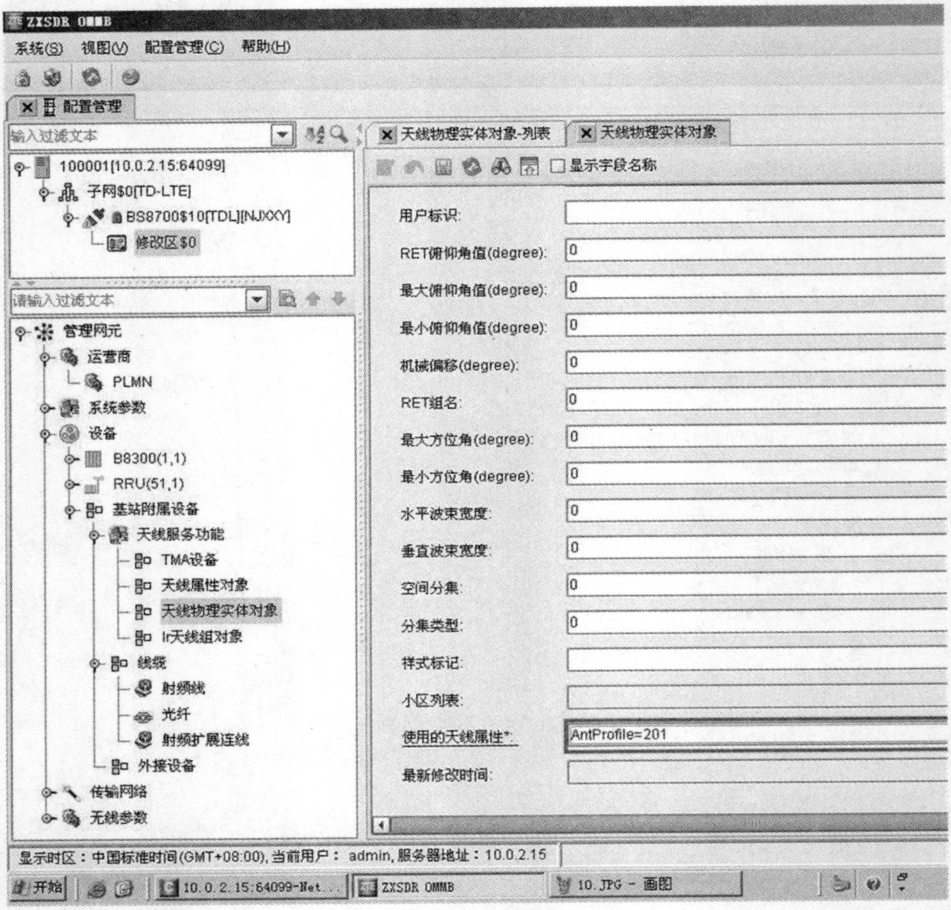
ZXSDR OMMB
系统(S) 视图(V) 配置管理(C) 帮助(H)
配置管理
输入过滤文本
100001[10.0.2.15:64099]
子网$0[TD-LTE]
BS8700$10[TDL][NJXXY]
修改区$0
请输入过滤文本
管理网元
运营商
PLMN
系统参数
设备
B8300(1,1)
RRU(51,1)
基站附属设备
天线服务功能
TMA设备
天线属性对象
天线物理实体对象
Ir天线组对象
线缆
射频线
光纤
射频扩展连线
外接设备
传输网络
无线参数
天线物理实体对象-列表
天线物理实体对象
显示字段名称
用户标识:
RET俯仰角值(degree):
最大俯仰角值(degree):
最小俯仰角值(degree):
机械偏移(degree):
RET组名:
最大方位角(degree):
最小方位角(degree):
水平波束宽度:
垂直波束宽度:
空间分集:
分集类型:
样式标记:
小区列表:
使用的天线属性*:
AntProfile=201
最新修改时间:
显示时区：中国标准时间(GMT+08:00), 当前用户： admin, 服务器地址：10.0.2.15
开始
10.0.2.15:64099-Net...
ZXSDR OMMB
10.JPG - 画图

图 6.18　天线属性

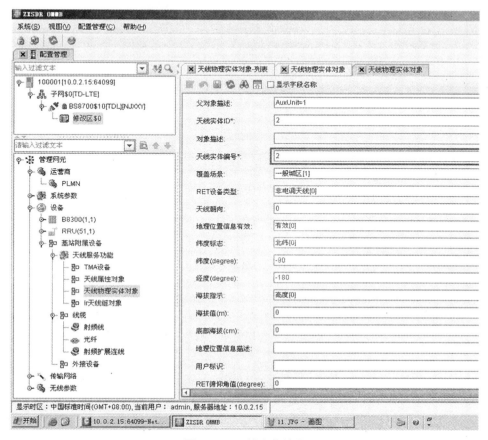

图 6.19　天线实体编号

（10）射频线配置

如图 6.20 和图 6.21 所示,天线需与射频端口一一对应,天线 1 对应 1 号射频端口,天线 2 对应 2 号射频端口。

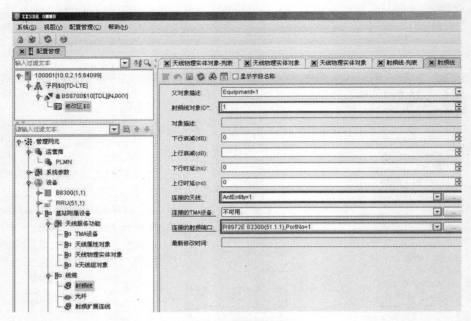

图 6.20　射频线配置 1

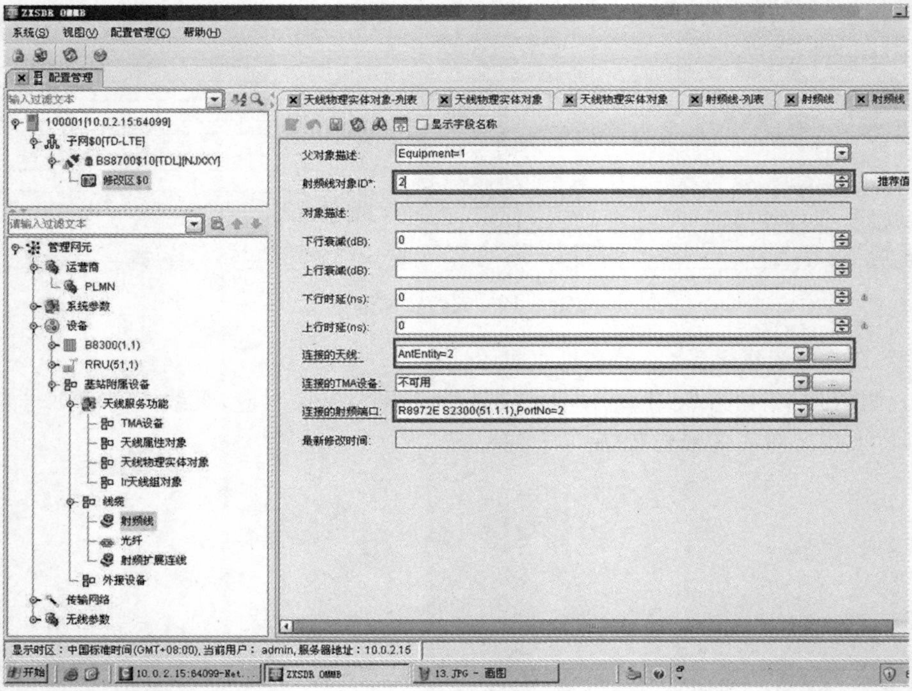

图 6.21　射频线配置 2

（11）IR天线组对象配置

如图6.22所示，IR天线组对象是用来关联RRU与物理天线实体的，使用的天线和RRU可以从下拉框中直接选择。

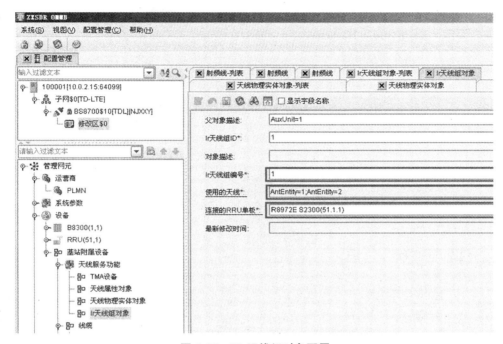

图6.22　IR天线组对象配置

（12）配置时钟设备

如图6.23和图6.24所示，时钟设备主要用于信息同步，需与网络配置一致，根据实际安装的时钟设置。

图 6.23　配置时钟设备 1

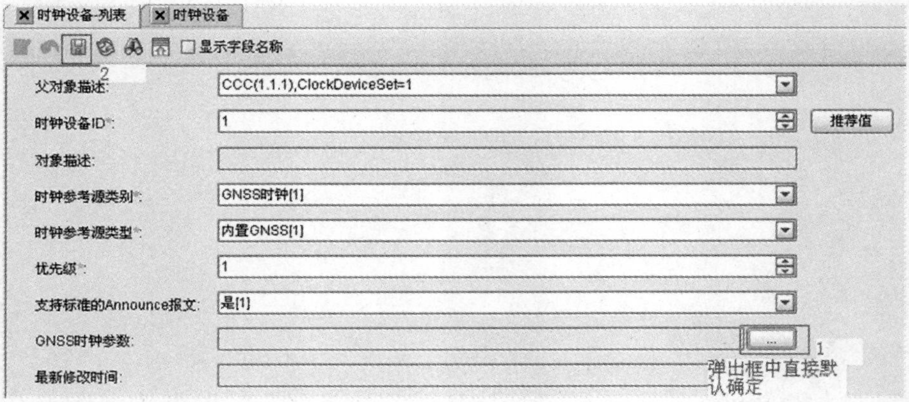

图 6.24　配置时钟设备 2

2. TD-LTE 传输网络配置

（1）物理层端口配置

如图 6.25 所示，以太网参数。TDL 用一个物理层端口，因此发送带宽最好更改成"1000000"。使用以太网，选择 CCC 单板的 GE 端口"0"，连接对象保持默认即可。

由于 LTE 中 eNodeB 上端连接的是 MME，所以连接对象选择为"MME"，BBU 是主控板 CC 板与核心网 MME 相连，使用的以太网选择为实验室使用的主控板端口。

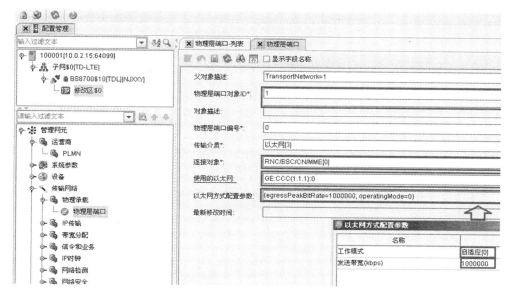

图 6.25　物理层端口配置

（2）以太网链路层配置

如图 6.26 所示，以太网链路层使用已经创建的物理端口，有 VLAN 的，填写相应的 VLAN 编号，可以填写多个；没有 VLAN 的则不用填写。

（3）IP 层配置

如图 6.27 所示，如果环境配置了多条以太网链路，要注意与以太网链路号对应正确，否则会出现获取不到 IP 的情况。IP 地址和网关以及"VLAN ID"应参考规划局向配置数据。IP 地址与网关需根据实验室数据配置，否则会导致链路异常，IP 参数链路号配置为"0"，IP 地址配置为"192.168.11.100"，子网掩码配置为"225.225.255.0"，网关 IP 配置为"192.168.11.80"，同时将使用的以太网链路选择为之前配置的以太网链路。

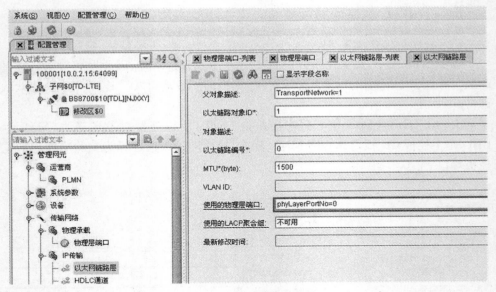

图 6.26 以太网链路层配置

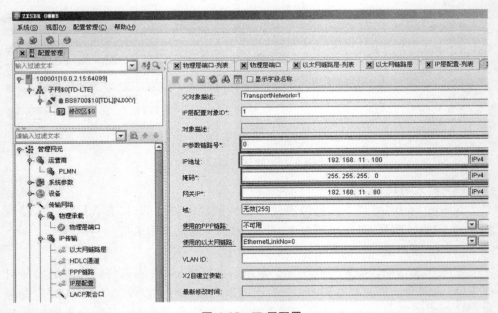

图 6.27 IP 层配置

（4）带宽配置

后续的配置业务需要引用 DSCP 映射，配置主要分为以下 3 个阶段：

① 配置带宽资源组：选择之前配置的以太网链路，出口带宽配置为"1000 Mbps"，如果单位是 kbps，则填写为"1000000"，如图 6.28 所示。

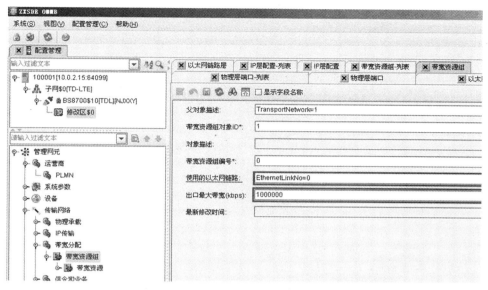

图 6.28　配置带宽资源组

② 配置带宽资源：选择"默认"，发送带宽权重配置 100，如图 6.29 所示。

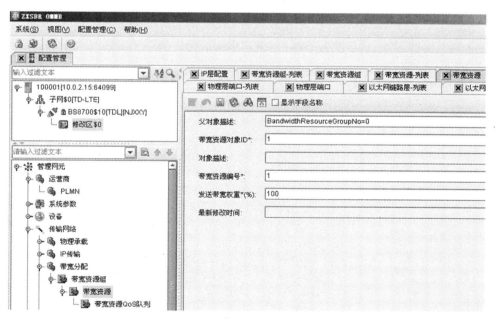

图 6.29　配置带宽资源

③ 配置带宽资源 QoS 队列，编号为 1，如图 6.30 所示。

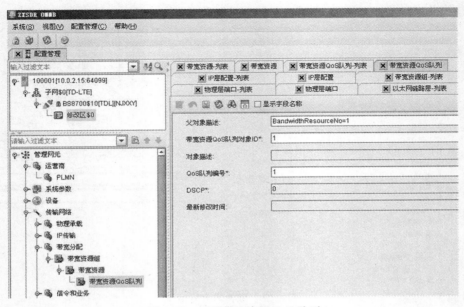

图 6.30　配置带宽资源 QoS 队列

（5）SCTP 配置

如图 6.31 所示，如果环境配置多条 IP，有操作维护的 IP，还有 LTE 传输 IP，要注意对应的 IP 链路号不要选错，否则会引起链路不通。

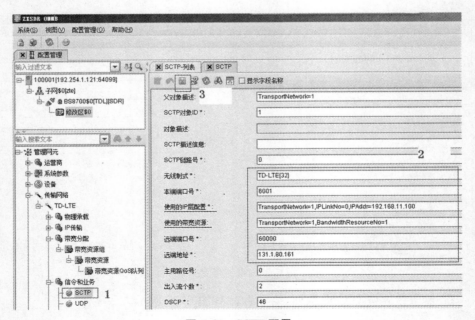

图 6.31　SCTP 配置

实验室设备只配置了一条 SCTP 链路,本端端口号配置为"6001",选择已配置的 IP 层配置,选择使用的带宽资源;远端端口号配置为"60000",远端地址配置为"131.1.80.161"。

（6）UDP 配置

如图 6.32 所示,UDP 选择已使用的 IP 层配置。

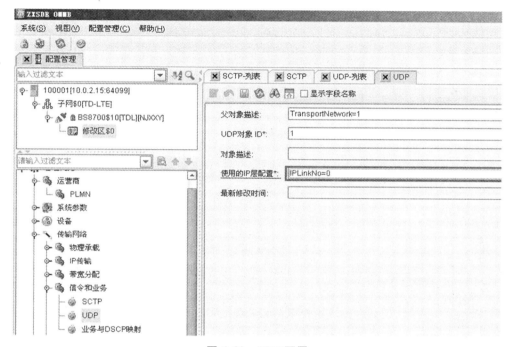

图 6.32　UDP 配置

（7）业务与 DSCP 映射配置

如图 6.33 所示,业务与 DSCP 映射选择已使用的 IP 层配置,选择已使用的带宽资源,TD-LTE 与 DSCP 的映射选择"全选"。

（8）静态路由配置

如图 6.34 所示,静态路由与实验室其他设备配置需一致,目的地址包括 EPC核心网控制面及用户面网段地址,下一跳连接到核心网 S1 接口。

目的 IP 地址配置为"131.1.80.0",子网掩码配置为"255.255.255.0",下一跳IP 地址配置为"192.168.11.80"。

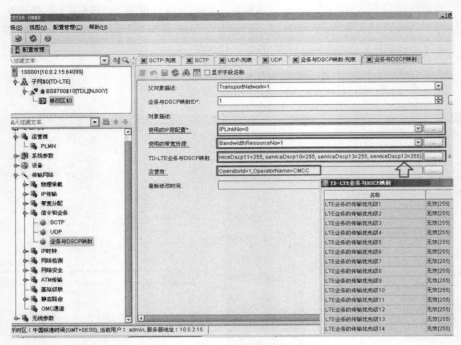

图 6.33 业务与 DSCP 映射配置

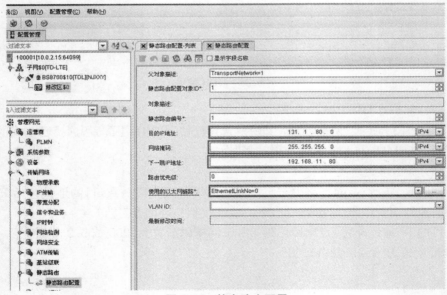

图 6.34 静态路由配置

（9）OMC 通道配置

如图 6.35 所示，OMC 通道主要是进行操作维护，需保证能连接上 BBU 设备，这个步骤如不完成,后台上传数据时会提示出错并上传失败,需按照实验室实际设备安装配置,操作维护接口类型为"独立组网",OMC 服务器地址配置为"192.168.1.2",OMC 子网掩码配置为"255.255.255.255"。

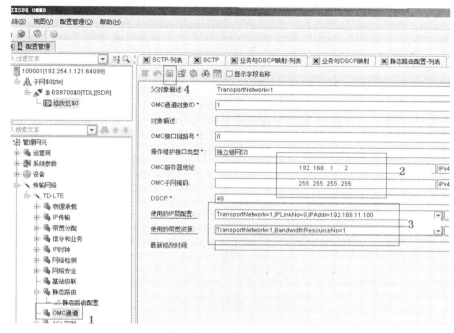

图 6.35 OMC 通道配置

3. TD-LTE 无线部分配置

(1)创建 LTE 网络

如图 6.36 所示,通常现网 eNodeB 标识是 6 位数配置,该 ID 需与规划一致,实验室规划的 ID 为 0。

(2)基带资源配置

如图 6.37 所示,小区 CP ID 参数,范围是 0~2,表示一个 LTE 小区内最多只有 3 个 CP,一般从 0 开始编号。发射和接收设备中,在天线端口标有数字,意味着频段基带资源参考信号会影响小区发射功率,由于 RRU 的发射能力有限,基带资源参考信号功率的最大值会根据 PA、PB 的不同配置而不同,如果实验中无法填写"19.9",可填写为"15.9"或者"12.9"。

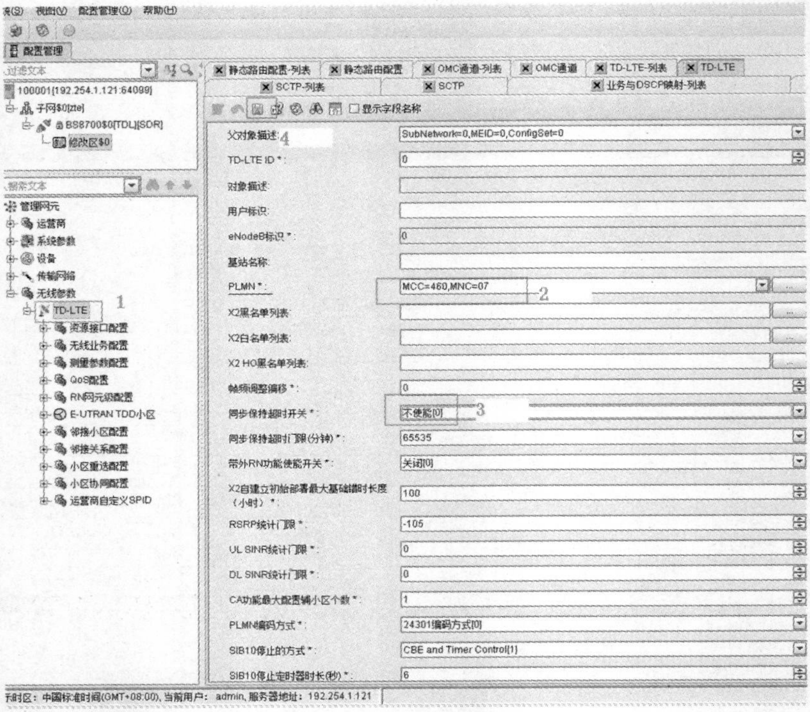

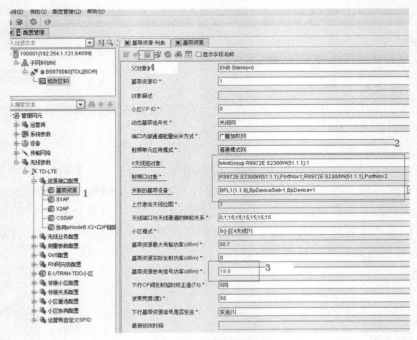

图 6.36　创建 LTE 网络

图 6.37　基带资源配置

（3）S1AP 配置参数

如图 6.38 所示，进行 S1AP 参数配置，如双击页面为空，可新增。

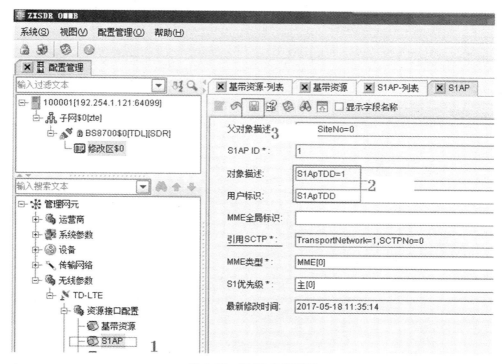

图 6.38　S1AP 参数配置

（4）配置服务小区

如图 6.39、图 6.40 所示，在该配置项里，主要配置小区 ID、物理小区识别码（PCI）、上下子帧、对应基带资源、中心频点、跟踪区码（要与核心网对应）、UE 天线发射模式等，其中，在一个核心网中，对于特定小区 PCI 要唯一，最大输出功率、实际发射功率、参考信号功率这三项关系到灌包流量，要根据具体的 RRU 进行配置。

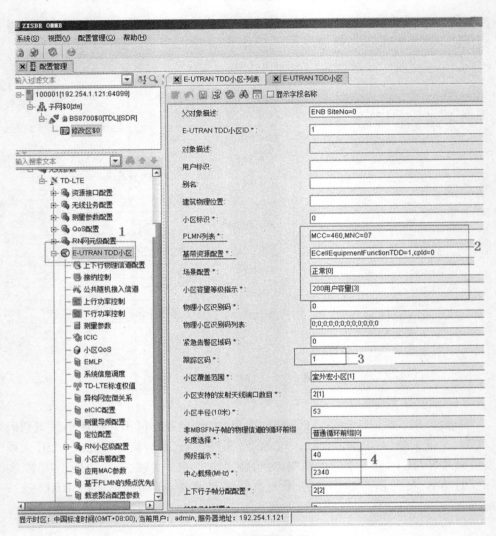

图 6.39　配置服务小区 1

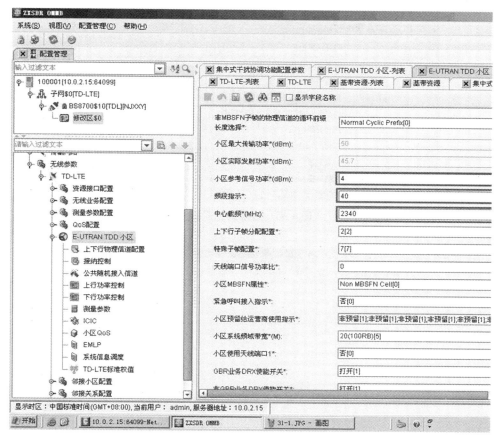

图 6.40　配置服务小区 2

4．TD-LTE 数据上传

步骤如图 6.41～图 6.45 所示，进度显示到 100%，整表同步成功，稍后基站会重启。

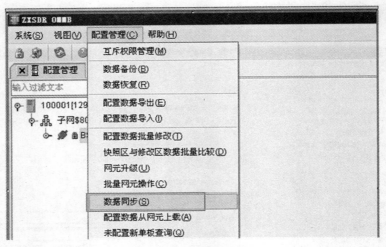

图 6.41　选择数据同步

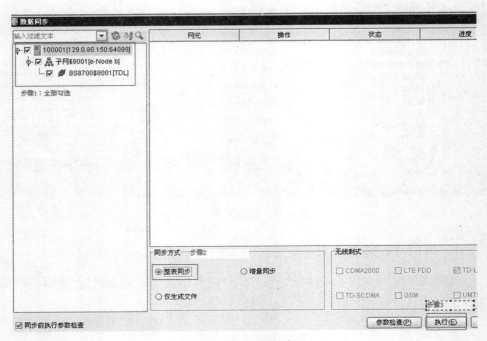

图 6.42　数据同步

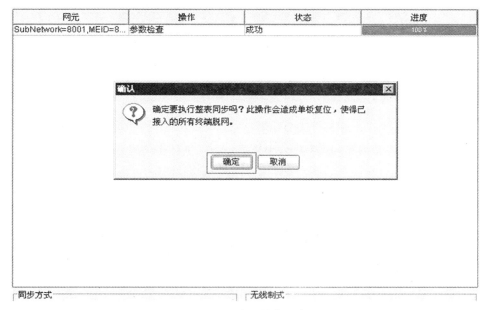

图 6.43　确认整表同步

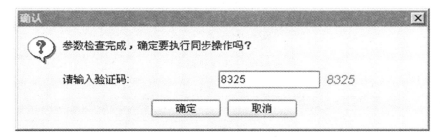

图 6.44　参数检查

网元	操作	状态	进度
SubNetwork=8001,MEID=8...	整表同步	成功	100%

图 6.45　同步成功

5. TD-LTE 数据备份

步骤如图 6.46～图 6.50 所示。

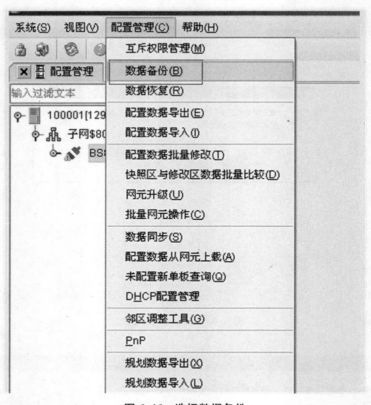

图 6.46　选择数据备份

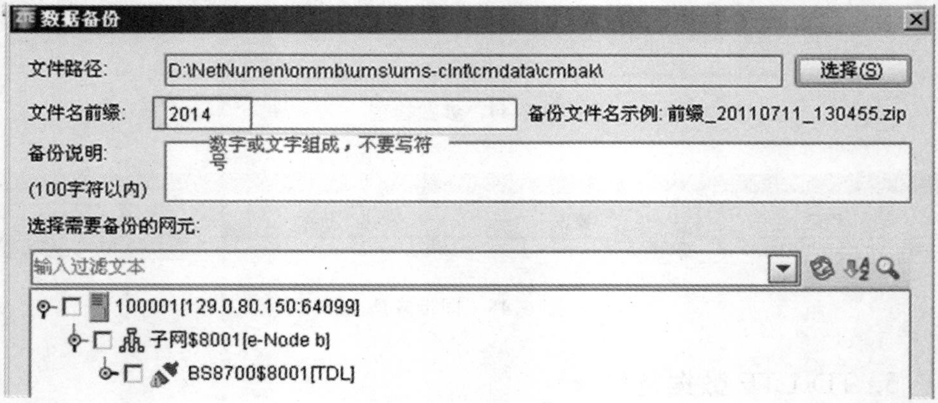

图 6.47　文件名前缀

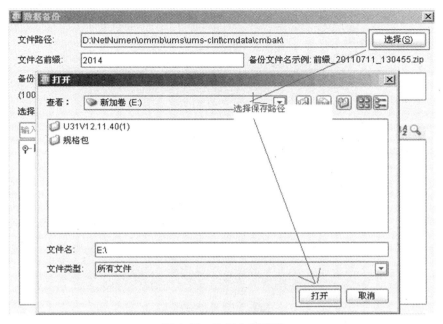

图 6.48　选择文件路径

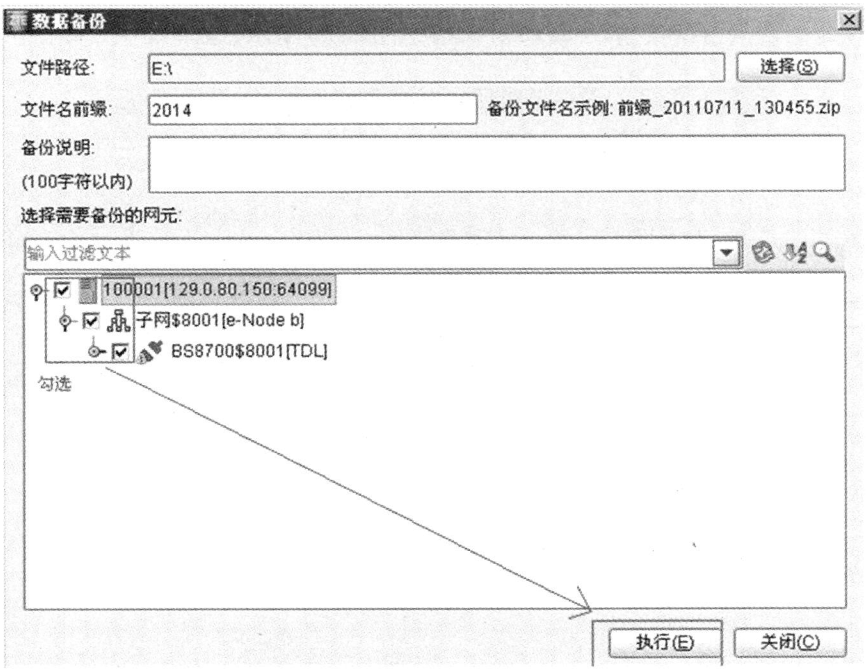

图 6.49　执行

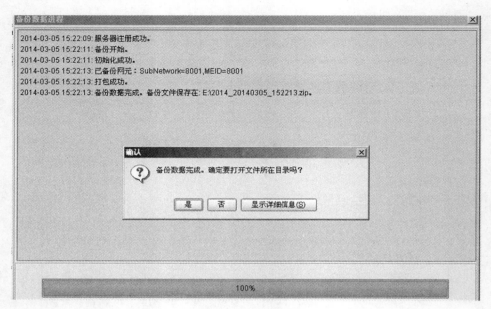

图 6.50 备份完成

6. TD-LTE 数据恢复

恢复之前的备份数据,步骤如图 6.51~图 6.55 所示。

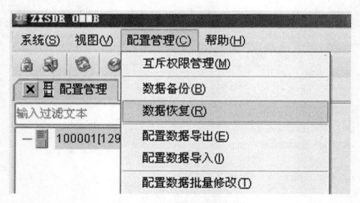

图 6.51 选择数据恢复

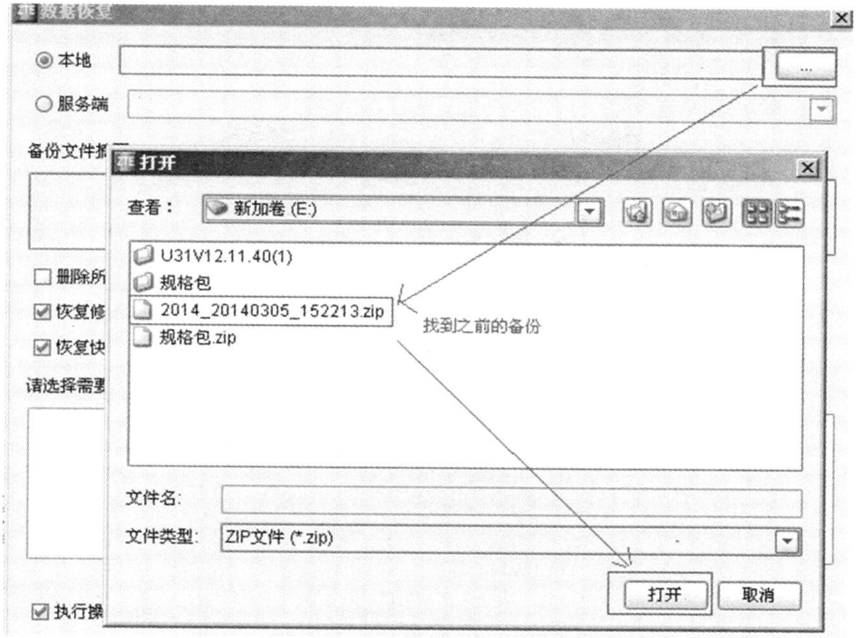

图 6.52 找到之前的备份

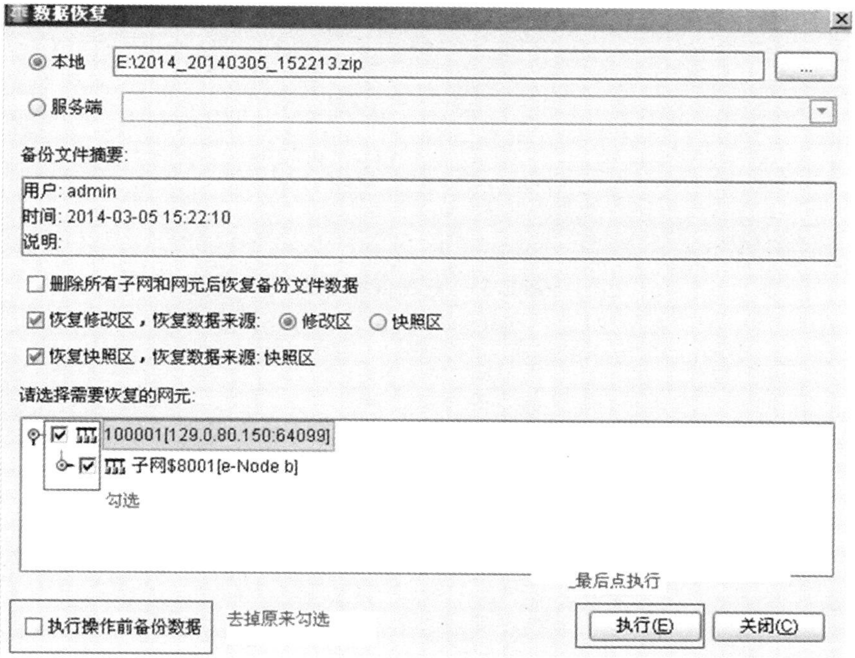

图 6.53 选中要恢复的网元并执行

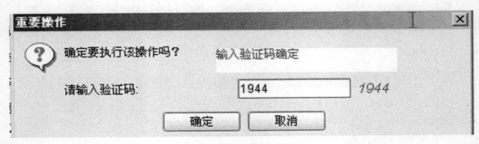

图 6.54　输入验证码并确定

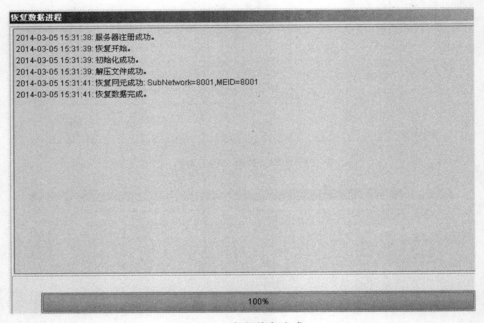

图 6.55　数据恢复完成

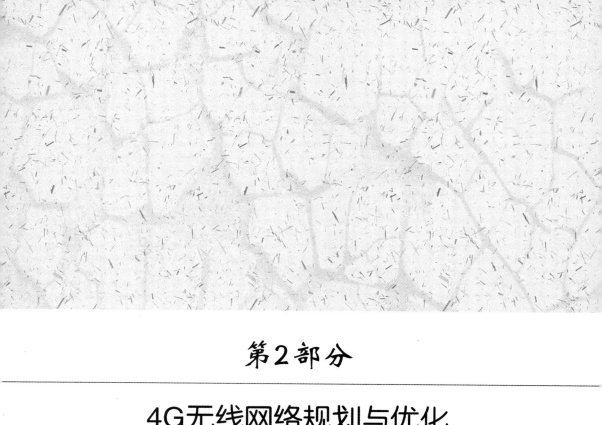

第2部分

4G无线网络规划与优化

实验 7

Mapinfo 软件的安装

 实验目的

（1）熟悉 Mapinfo 软件；

（2）掌握 Mapinfo 软件的安装。

 实验环境

计算机、Mapinfo 软件。

 实验内容

完成 Mapinfo 软件的安装。

 实验步骤

1. 解压压缩文件夹

得到如图 7.1 所示文件。

2. 打开安装文件夹

如图 7.2 所示，里面有 5 个文件，重要的分别是 Data1.cab、MapInfo Professional 11.0.msi、setup.exe 和序列号.txt，确保文件夹里面有这几个文件。

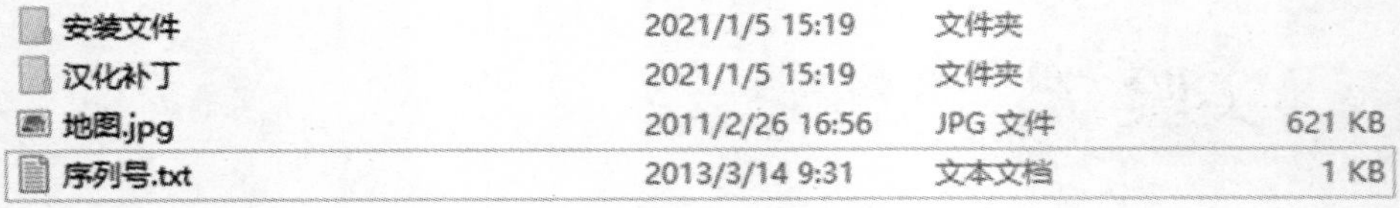

安装文件 2021/1/5 15:19 文件夹
汉化补丁 2021/1/5 15:19 文件夹
地图.jpg 2011/2/26 16:56 JPG 文件 621 KB
序列号.txt 2013/3/14 9:31 文本文档 1 KB

图 7.1　解压压缩文件夹

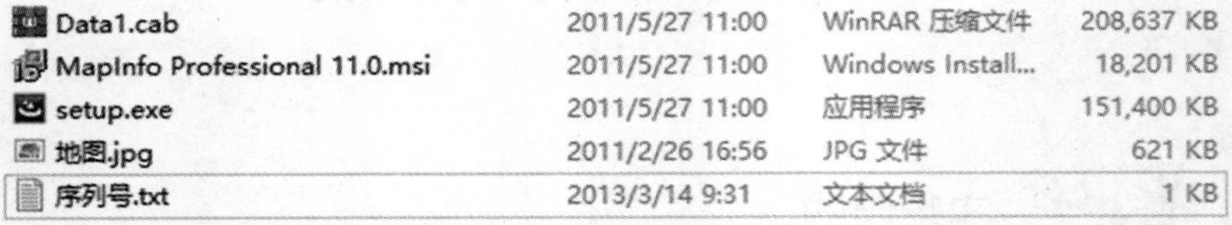

Data1.cab 2011/5/27 11:00 WinRAR 压缩文件 208,637 KB
MapInfo Professional 11.0.msi 2011/5/27 11:00 Windows Install... 18,201 KB
setup.exe 2011/5/27 11:00 应用程序 151,400 KB
地图.jpg 2011/2/26 16:56 JPG 文件 621 KB
序列号.txt 2013/3/14 9:31 文本文档 1 KB

图 7.2　打开安装文件夹

3. 安装 Mapinfo 软件

安装 Mapinfo 软件有 2 种方式，第一种是双击“setup. exe”，提示安装环境检查，点击“Install”按钮，如图 7.3 所示。

MapInfo Professional 11.0 - InstallShield Wizard
MapInfo Professional 11.0 requires the following items to be installed on your computer.
Click Install to begin installing these requirements.
Status Requirement
Pending Hotfix for Microsoft .NET Framework 4 Client Profile (KB2484832)
Pending Hotfix for Microsoft .NET Framework 4 Client Profile (KB2498911)
Install
Cancel

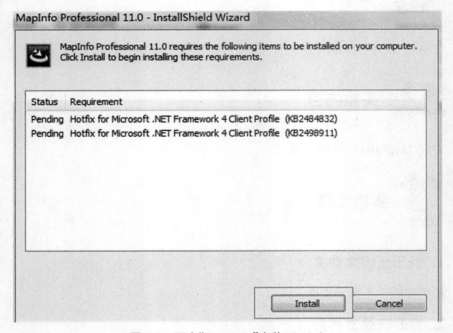

图 7.3　双击“setup. exe”安装 Mapinfo

如果提示报错，如图 7.4 所示，请按照提示去微软官网更新相关文件。

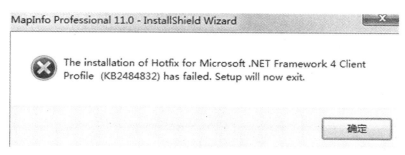

图 7.4　提示报错

第二种方式是在确保电脑安装了 KB2484832 和 KB2498911 以后,可以双击 "MapInfo Professional 11.0.msi",跳过环境检查,直接进行软件安装。

① 双击"MapInfo Professional 11.0.msi"文件,如图 7.5 所示。

Data1	2011/5/27 星期...	好压 CAB 压缩文件	208,637 KB
MapInfo Professional 11.0	2011/5/27 星期...	Windows Installer 程序包	18,201 KB
setup	2011/5/27 星期...	应用程序	151,400 KB
地图	2011/2/26 星期...	JPEG 图像	621 KB
破解说明	2013/3/14 星期...	文本文档	1 KB
序列号	2013/3/14 星期...	文本文档	1 KB

图 7.5　双击 MapInfo Professional 11.0.msi

② 点击"同意协议",并点击"Next"按钮,如图 7.6 所示。

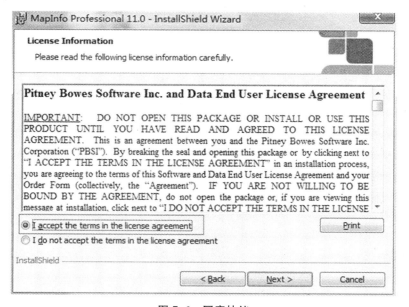

图 7.6　同意协议

③ 输入用户名称和公司名称,如图 7.7 所示。

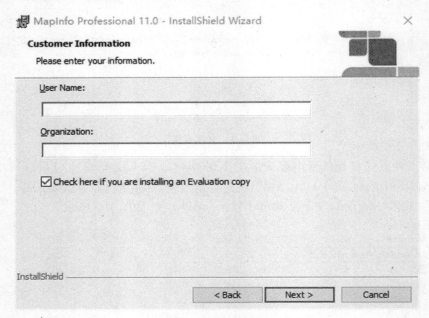

图 7.7　输入用户名称和公司名称

④ 点击"Typical",然后点击"Next",如图 7.8 所示。

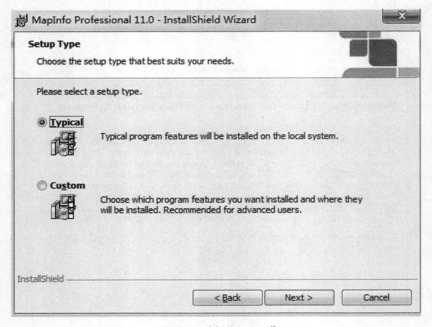

图 7.8　选择"Typical"

⑤ 选择安装地址,点击"Change"按钮选择路径,路径中尽量不要有中文字符,保持全英文路径,如图 7.9 所示。

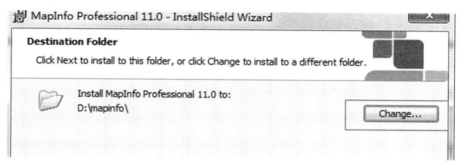

图 7.9　选择安装地址

⑥ 点击"Install"按钮安装软件,如图 7.10 所示。

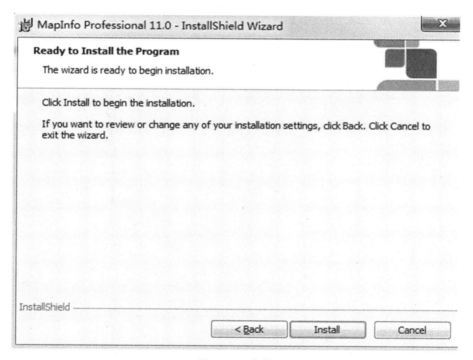

图 7.10　安装

⑦ 点击"是(Y)"按钮,进行下一步,如图 7.11 所示。

⑧ 等待一段时间后,提示软件安装完成,点击"Finish"按钮,如图 7.12 所示。

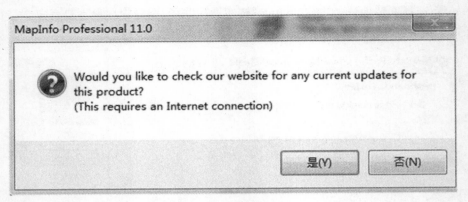

图 7.11　选择"是(Y)"

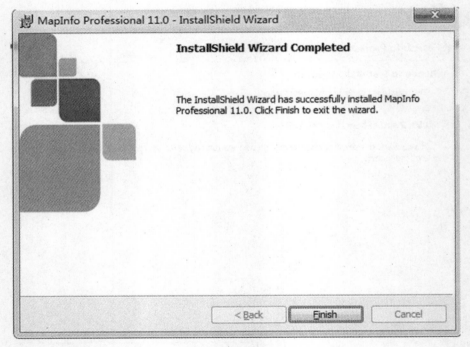

图 7.12　安装完成

Mapinfo 软件点图层制作

 实验目的

（1）熟悉 Mapinfo 软件；
（2）熟悉创建点、制作简单点图层。

 实验环境

计算机、Mapinfo 软件。

 实验内容

完成创建点、制作简单点图层。

 实验步骤

1. 启动程序

点击图 8.1 中所示文件，然后点击下拉菜单中的"打开"。

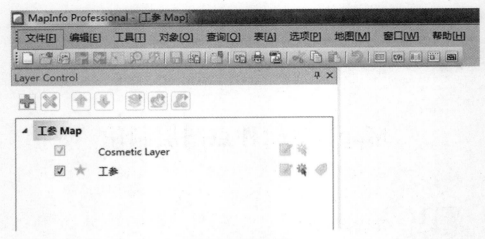

图 8.1　打开文件

2. 选择图层位置

选择"文件目录"-"文件类型"-"Mapinfo 图层位置",如图 8.2 所示。

图 8.2　选择图层位置

文件类型根据需要选择,本实验选择 xls 文件,如图 8.3 所示。

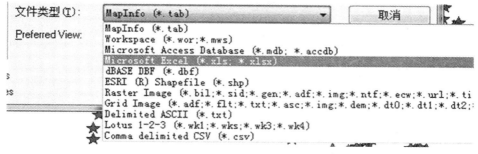

图 8.3 选择文件类型

3．查看 Excel 表信息

如图 8.4 所示,选择所用 Excel 的数据,红圈根据需要勾选(直接使用 Excel 的表头勾选)。

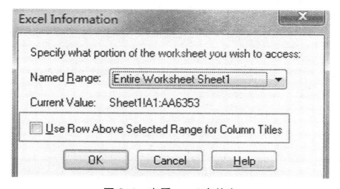

图 8.4 查看 excel 表信息

4．创建文件

文件创建完成,如图 8.5 所示。

5．创建点

点击"表"－"创建点",如图 8.6 所示。

6．选择经纬度

如图 8.7 所示。

基站类型	eNodeBName	eNodeBID	eNodeBtype	eNodeBLongitude	eNodeBLatitude	CellName	CellID	SectorID	CellLongitude	Ce
宏站	FZBFA0347涪陵太极大桥	689,193	176,433,409	107.365	29.7173	FZBFA0347涪陵太极大桥_1	6,891,931	1	107.365	
宏站	FZBFA0347涪陵太极大桥	689,193	176,433,410	107.365	29.7173	FZBFA0347涪陵太极大桥_2	6,891,932	2	107.365	
宏站	FZBFA0347涪陵太极大桥	689,193	176,433,411	107.365	29.7173	FZBFA0347涪陵太极大桥_3	6,891,933	3	107.365	
宏站	FZBFA0230涪陵二八局	689,162	176,425,473	107.382	29.7094	FZBFA0230涪陵二八局_1	6,891,621	1	107.382	
宏站	FZBFA0230涪陵二八局	689,162	176,425,474	107.382	29.7094	FZBFA0230涪陵二八局_2	6,891,622	2	107.382	
宏站	FZBFA0230涪陵二八局	689,162	176,425,475	107.382	29.7094	FZBFA0230涪陵二八局_3	6,891,623	3	107.382	
宏站	FZBFA0252涪陵巴郡大厦	689,187	176,431,873	107.395	29.7031	FZBFA0252涪陵巴郡大厦_1	6,891,871	1	107.395	
宏站	FZBFA0252涪陵巴郡大厦	689,187	176,431,874	107.395	29.7031	FZBFA0252涪陵巴郡大厦_2	6,891,872	2	107.395	
宏站	FZBFA0252涪陵巴郡大厦	689,187	176,431,875	107.395	29.7032	FZBFA0252涪陵巴郡大厦_3	6,891,873	3	107.395	
室分	FZBFA6000涪陵联通办公楼	689,161	176,425,217	107.36	29.72	FZBFA6000涪陵联通办公楼_1	6,891,611	1	107.36	
宏站	FZBFA0222涪陵联通新楼	689,185	176,431,361	107.36	29.7201	FZBFA0222涪陵联通新楼_1	6,891,851	1	107.36	
宏站	FZBFA0222涪陵联通新楼	689,185	176,431,362	107.36	29.7201	FZBFA0222涪陵联通新楼_2	6,891,852	2	107.36	
宏站	FZBFA0222涪陵联通新楼	689,185	176,431,363	107.36	29.7201	FZBFA0222涪陵联通新楼_3	6,891,853	3	107.36	
宏站	FZBFA0094涪陵体育馆	689,167	176,426,753	107.387	29.7033	FZBFA0094涪陵体育馆_1	6,891,671	1	107.387	
宏站	FZBFA0094涪陵体育馆	689,167	176,426,754	107.387	29.7033	FZBFA0094涪陵体育馆_2	6,891,672	2	107.387	
宏站	FZBFA0094涪陵体育馆	689,167	176,426,755	107.387	29.7033	FZBFA0094涪陵体育馆_3	6,891,673	3	107.387	
宏站	FZBFA0316涪陵财贸大厦	689,190	176,432,641	107.387	29.7037	FZBFA0316涪陵财贸大厦_1	6,891,901	1	107.387	
宏站	FZBFA0316涪陵财贸大厦	689,190	176,432,642	107.387	29.7037	FZBFA0316涪陵财贸大厦_2	6,891,902	2	107.387	
宏站	FZBFA0316涪陵财贸大厦	689,190	176,432,643	107.387	29.7037	FZBFA0316涪陵财贸大厦_3	6,891,903	3	107.387	
宏站	FZBFA0450涪陵区政府	689,198	176,434,689	107.385	29.7044	FZBFA0450涪陵区政府_1	6,891,981	1	107.385	
宏站	FZBFA0450涪陵区政府	689,198	176,434,690	107.385	29.7044	FZBFA0450涪陵区政府_2	6,891,982	2	107.385	
宏站	FZBFA0450涪陵区政府	689,198	176,434,691	107.385	29.7044	FZBFA0450涪陵区政府_3	6,891,983	3	107.385	
宏站	FZBFA0038涪陵钢材市场	689,221	176,440,577	107.364	29.7013	FZBFA0038涪陵钢材市场_1	6,892,211	1	107.364	

图 8.5　文件创建完成

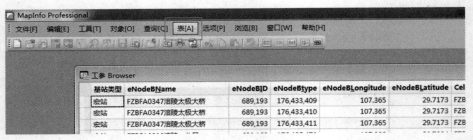

图 8.6　创建点

Create Points

Create Points for Table: 工参

using Symbol: □

Projection: Longitude / Latitude

Get X Coordinates from Column: eNodeB_Longitude

Get Y Coordinates from Column: eNodeB_Latitude

Multiply the X Coordinates by: 1

Multiply the Y Coordinates by: 1

☐ Display non-numeric fields

☐ Overwrite existing points

OK　Cancel　Projection...　Help

图 8.7　选择经纬度

7. 选择图形、颜色与大小

如图 8.8 所示。

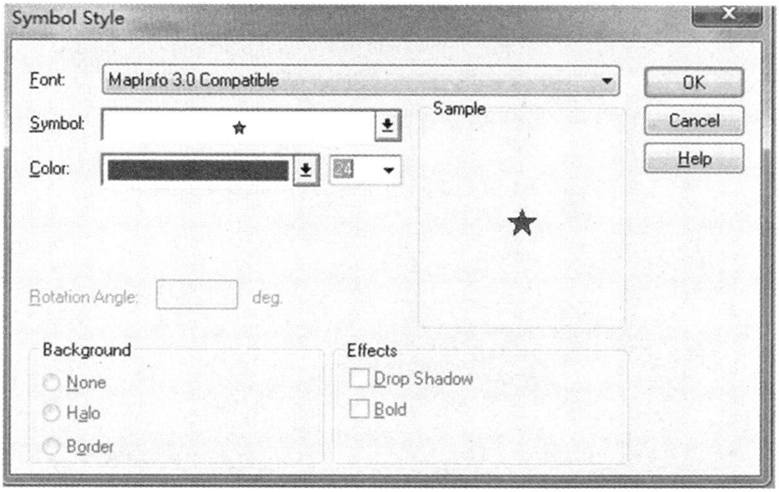

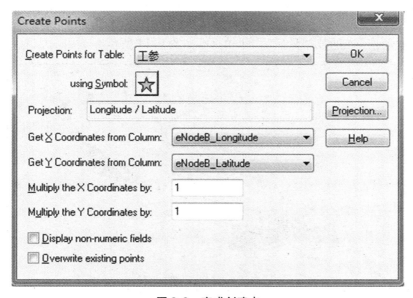

图 8.8　选择图形、颜色和大小

8. 设置完成

选择完成后，点击"OK"，如图 8.9 所示。

图 8.9　完成创建点

9．文件和类型

点击"文件"-"打开"，文件名为刚才创建的文档，选择文件类型为". tab"，如图 8.10 所示。

图 8.10　填文件名和选择文件类型

10．创建完成

根据所用工参的数据量显示不同的点，如图 8.11 所示。

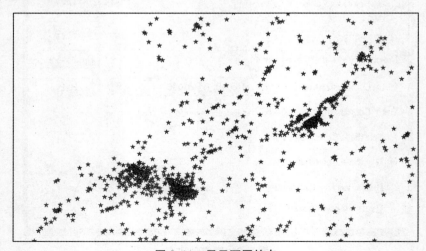

图 8.11　显示不同的点

Mapinfo 扇区图层制作

实验目的

（1）掌握基站扇区图层制作方法；
（2）熟悉 RNOHelper。

实验环境

计算机、Mapinfo 软件、RNOHelper 软件。

实验内容

完成基站扇区图层和 MOD3 专题图层制作。

实验步骤

1. RNOHelper

RNOHelper（无线网络优化助手）可以快速制作 LTE、CDMA、TD-SCDMA、GSM、CDMA2000、WCDMA、点、泰森等网络地理化显示图层，显示系统内/间邻区关系，漏配邻区核查，常规参数核查，邻区批量自动规划，提供 4G/3G/2G 网络协同规划优化功能，非常适合无线网络规划与优化使用。

右键点击解压缩 RNOHelper_V1.2.0.zip 文件，得到如图 9.1 所示文件数据。

ParametersTemplate	2016/2/29 11:05	文件夹	
GB2UTF8.exe	2006/2/7 14:09	应用程序	72 KB
ReadMe.txt	2014/8/4 8:45	文本文档	1 KB
RNOHelper_V1.2.0.MBX	2015/3/2 11:52	MapBasic Applic...	295 KB
RNOHelper网优助手使用说明_V1.2.0.d...	2015/3/10 15:55	Microsoft Word ...	1,424 KB

图 9.1　RNOHelper 文件夹

2. 源数据制作与准备

在使用工具前,需要制作参数模板用来显示扇区和优化图层(也可不制作模板,但在使用过程中可能会报错,尽量以模板样式为工参),参数模板分为以下几类:

① 工参模板:LTE 工参、TD-SCDMA 工参、CDMA2000 工参等;

② 邻区模板:4G4G 邻区表、4G3G 邻区表、3G2G 邻区表等;

③ 其他模板:点泰森图层源表、外场所测试数据、自动邻区规划表等。

不同的功能需要不同模板,但不需要制作所有模板,只需要制作将用到的模板即可。本实验主要制作 LTE 工参,所以只需要关注 LTE 的工参模板。RNOHelper 源表样式如图 9.2 所示。

	A	B	C	D
	主小区号	邻小区号	切换次数	
	14011	14012	10	
	14011	14013	11	
	14011	40182	3	
	14011	40183	14	
	14011	40882	15	
	14011	40971	6	
	14011	40972	7	

▶ ▶|　RNOHelper

图 9.2　RNOHelper 源表样式

工参模板表头如图 9.3 所示,工参模板制作规则如下:

① 第 4、6、8、9、12、14、16、18 列必填,否则无法制作扇区,不可以删除表头;

② 第 1、2、3、5、7、10、11 列尽量填写,在使用核查或规划功能时会涉及,不可以删除表头;

③ 其他列内容可有可无,可自行添加其他列。

注意:小区号=站号+小区标识号,如"659999+1=6599991",工参表中须保证小区号唯一,如果小区号重复,建议手工处理成不同的数字;覆盖类型列请填写为"宏站""室分"。

TAC号	站点号	站点名		小区名		PRACH			半径_米	波瓣_度		海拔		下行频点		
13252	164775	××19中-ZLW	164775-1	××19中-ZLW_1	0	264	107.25402	29.76314	0	0	室分	40	2330	2235	360	TDD	0
13252	165041	××国体中央公园2-ZLW	165041-1	××国体中央公园2-ZLW_1	0	288	107.26934	29.74453	0	0	室分	40	2330	2235	360	TDD	0
13252	165041	××国体中央公园2-ZLW	165041-2	××国体中央公园2-ZLW_2	0	292	107.26934	29.74453	0	0	室分	40	2330	2235	360	TDD	0
13252	165041	××国体中央公园2-ZLW	165041-3	××国体中央公园2-ZLW_3	0	116	107.26934	29.74453	0	0	室分	40	2330	2235	360	TDD	0
13252	893089	××国体中央公园7排-ZLH	893089-129	××国体中央公园7排-ZLH_1	0	480	107.26895	29.74577	0	0	宏站	39	1895	1800	60	TDD	0
13252	893089	××国体中央公园7排-ZLH	893089-130	××国体中央公园7排-ZLH_2	0	484	107.26895	29.74577	0	0	宏站	39	1895	1800	100	TDD	1
13252	165012	××国体中央公园-ZLW	165012-2	××国体中央公园-ZLW_2	0	60	107.26934	29.74453	0	0	室分	40	2330	2235	360	TDD	0
13252	164290	××大塘河灯杆D-ZLH	164290-1	××大塘河灯杆D-ZLH_1	0	276	107.25635	29.75235	0	0	宏站	41	2624.6	2529.6	125	TDD	0
13252	164290	××大塘河灯杆D-ZLH	164290-2	××大塘河灯杆D-ZLH_2	0	280	107.25635	29.75235	0	0	宏站	41	2624.6	2529.6	190	TDD	1
13252	164290	××大塘河灯杆D-ZLH	164290-3	××大塘河灯杆D-ZLH_3	0	284	107.25635	29.75235	0	0	宏站	41	2624.6	2529.6	285	TDD	2
13252	159835	××大塘河灯杆-ZLH	159835-1	××大塘河灯杆-ZLH_1	0	588	107.25635	29.75235	0	0	宏站	39	1895	1800	120	TDD	0
13252	159835	××大塘河灯杆-ZLH	159835-2	××大塘河灯杆-ZLH_2	0	592	107.25635	29.75235	0	0	宏站	39	1895	1800	200	TDD	1
13252	159835	××大塘河灯杆-ZLH	159835-3	××大塘河灯杆-ZLH_3	0	596	107.25635	29.75235	0	0	宏站	39	1895	1800	290	TDD	2
13252	164517	××稻花香集团-ZLW	164517-1	××稻花香集团-ZLW_1	0	80	107.23905	29.73633	0	0	室分	40	2330	2235	360	TDD	0
13252	164999	××二十一中-ZLW	164999-1	××二十一中-ZLW_1	0	68	107.27695	29.74914	0	0	室分	40	2330	2235	360	TDD	0
13252	164999	××二十一中-ZLW	164999-2	××二十一中-ZLW_2	0	488	107.27695	29.74914	0	0	宏站	40	2330	2235	360	TDD	2
13252	160606	××国通管业-ZLH	160606-1	××国通管业-ZLH_1	0	492	107.241521	29.766541	0	0	宏站	39	1895	1800	120	TDD	0
13252	160606	××国通管业-ZLH	160606-2	××国通管业-ZLH_2	0	496	107.241521	29.766541	0	0	宏站	39	1895	1800	190	TDD	1
13252	160606	××国通管业-ZLH	160606-3	××国通管业-ZLH_3	0	500	107.241521	29.766541	0	0	宏站	39	1895	1800	240	TDD	2
13252	164532	××洛怡天星海湖-ZLW	164532-1	××洛怡天星海湖-ZLW_1	0	100	107.25901	29.76252	0	0	室分	40	2330	2235	360	TDD	0
13252	164532	××洛怡天星海湖-ZLW	164532-2	××洛怡天星海湖-ZLW_2	0	104	107.25901	29.76252	0	0	室分	40	2330	2235	360	TDD	0
13252	164532	××洛怡天星海湖-ZLW	164532-3	××洛怡天星海湖-ZLW_3	0	108	107.25901	29.76252	0	0	室分	40	2330	2235	360	TDD	0

图 9.3　工参模板表头

3. 基本使用

（1）设置管理员权限

工具自带的功能较多，在运行过程中，必须以最高管理员身份运行，否则在运行过程中会报错导致运行失败。

目前 Win XP 系统暂无需进行设置，直接默认运行，但在运行过程中有一定概率会出现故障。

在 Win 7、Win 8 系统中运行工具前，首先进行以下设置以保证 Mapinfo 在管理员身份下运行。右键单击 Mapinfo 属性，点击"兼容性""以管理员身份运行此程序"，如图 9.4 所示。

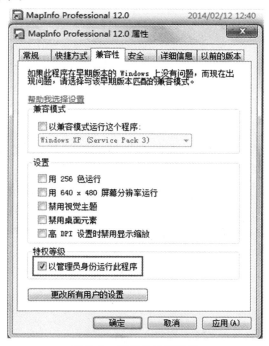

图 9.4　管理员权限设置

（2）查看网络制式设置与版本信息

双击 RNOHelper 工具打开，点击菜单"RNOHelper"-"设置信息"-"网络制式"，选择"网络制式"进行设置，如图 9.5 所示，可以设置以下 3 种网络制式：LTE-TDSCDMA-GSM、LTE-WCDMA-GSM、LTE-CDMA2000-CDMA。

（3）4G 扇区图层制作

RNO 专用扇区图层制作方法如下：

点击 ⊕ 功能键，弹出扇区制作对话框，点击"制作专用图层"，设置网络、样式、形状后，点击"OK(O)"，弹出表格选择窗口，选择文件后点击"OK(O)"，弹出列匹配与格式对比圣诞框，如图 9.5 所示。

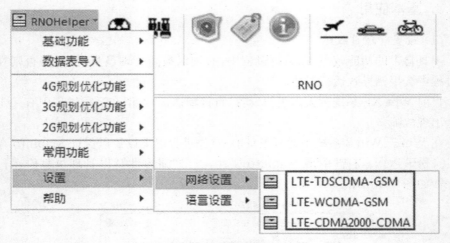

图 9.5　网络设置菜单

如果未匹配到或者格式有误，对话框内将不会出现"√"符号。若格式不匹配，工具将自动转换格式，但不保证完全正确；如果名字不匹配，设置映射列名即可（图 9.6）。

如图 9.7 所示，工参模板有"半径_米""波瓣_度"两列，在 VIP 版本中制作小区时，如果表格中两列内容不为 0，则以表格内容为准进行扇区制作；如果表格中列内容值为 0，则以扇区制作设置界面数值为准，表格内建议值为 70 m 与 60°。也可根据需求自设，这有利于差异化设置全网扇区，如将郊区站点半径设置较大，将市区站点半径设置较小。普通版本这两列无效，制作扇区时均以扇区制作设置界面的大小样式为准进行扇区制作。

设置完毕后点击"OK(O)"按钮，开始进行扇区制作，制作结果如图 9.8 所示。

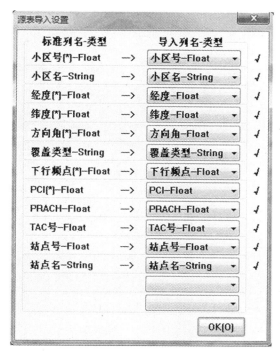

图 9.6　源表导入设置

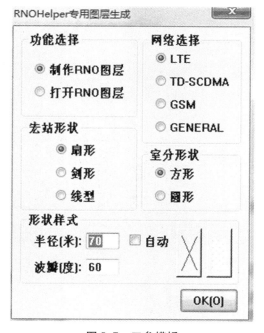

图 9.7　工参模板

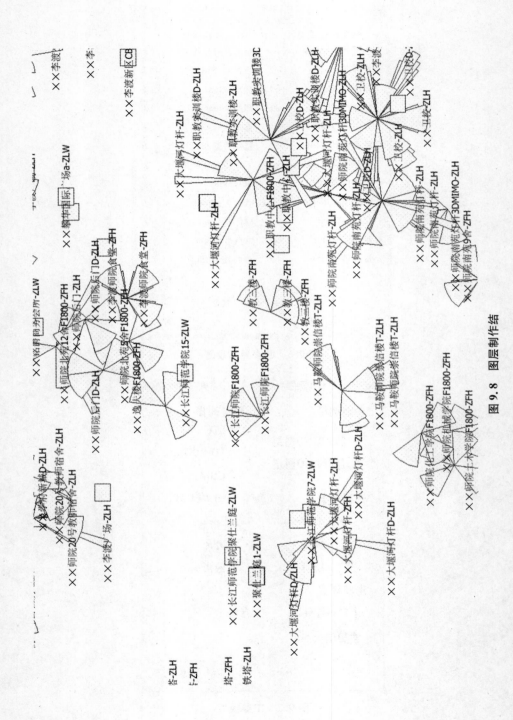

图 9.8 图层制作结束

Mapinfo 专题图层制作

实验目的

（1）掌握 MOD3 专题图层制作方法；

（2）熟悉 RNO 和 Mapinfo 的图层制作。

实验环境

计算机、Mapinfo 软件、RNO 软件。

实验内容

完成 MOD3 专题图层制作。

实验步骤

1. RNO-MOD3 专题图层制作

使用 RNO 软件自带的频点－MOD3 制作。

（1）制作专题图层

点击 ⊙ 功能键，弹出专题地图制作对话框，选择"网络与染色内容"，点击"OK（O）"按扭，如图 10.1 所示。

图 10.1　制作专题图层

如果染色内容不在上图所示对话框中,可以点击"自定义"进行自定义专题制作。

(2) 网络标签显示

点击 ✎ 功能键,弹出图层标签显示对话框,选择"网络与标签内容",点击"OK(O)"按钮,如图 10.2 所示。

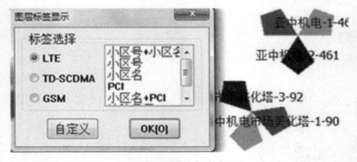

图 10.2　网络标签显示

如果标签内容不在上图所示的对话框中,可以点击"自定义"选择自定义标签显示。

2. Mapinfo-MOD3 专题图层制作

使用 Mapinfo 软件的专题图层制作工具制作。

(1) 创建专题地图

点击"地图"-"创建专题地图",如图 10.3 所示。

(2) 选择独立值

如图 10.4 所示。

图 10.3　创建专题地图

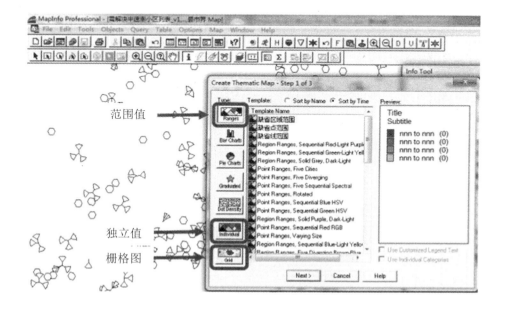

图 10.4　选择独立值

（3）选择颜色

如图 10.5 所示。

（4）选择 MOD3

如图 10.6 所示。

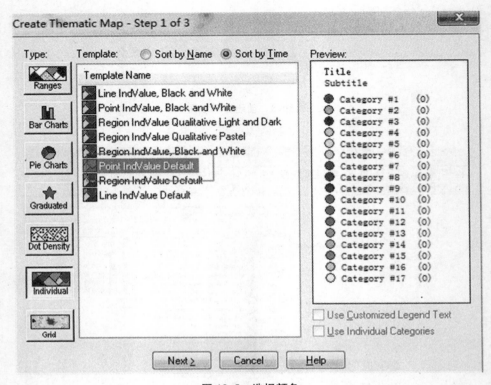

图 10.5　选择颜色

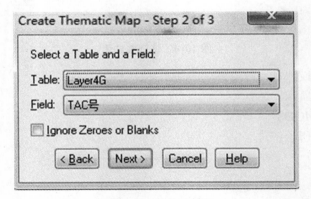

图 10.6　选择 MOD3

（5）进行颜色细节调整

如图 10.7 所示。

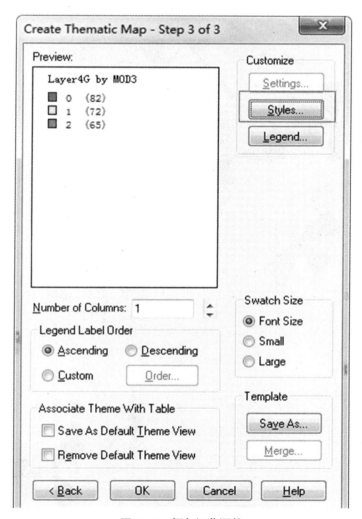

图 10.7　颜色细节调整

（6）完成设置

完成后,点击"OK",如图 10.8 所示。

（7）显示小区信息

点击 ⓘ 功能键后,点击"欲显示小区",弹出信息窗口,如图 10.9 所示。

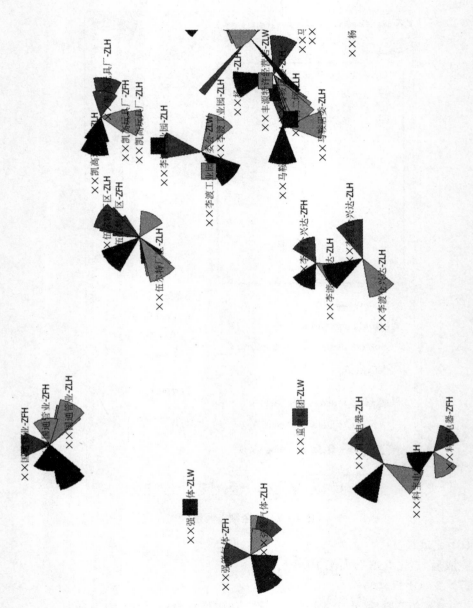

图 10.8　完成创建

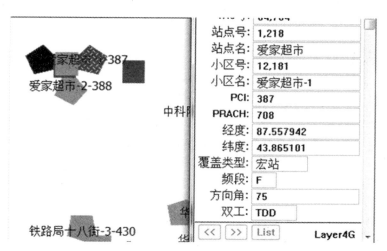

图 10.9　小区信息显示

（8）保存工作空间

图层制作完毕后，为方便后续使用，在关闭 Mapinfo 前，点击 按钮，可以方便下次将工作空间整体打开，以提高工作效率。

实验 11

GoogleEarth 图层制作

实验目的

掌握 GoogleEarth 图层制作方法。

实验环境

计算机、Mapinfo 软件、GoogleEarth 软件、RNO 软件。

实验内容

完成 GoogleEarth 图层制作。

实验步骤

1. 将 TAB 可视化图层转换为 GE KML 图层

在实际工作中,经常需要将 TAB 可视化图层转换为 GE KML 图层,RNO 为此提供了较为便捷的转换工具,如图 11.1 所示。

2. 设置图层

选择欲转换图层,设置透明度,如图 11.2 所示。

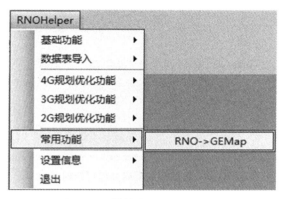

图 11.1   转换为 GE KML 图层

转换后的图层颜色和当前 Mapinfo 可视窗口一致,转换范围大小与当前窗口显示一致。

图 11.2   谷歌图层设置界面

3. 处理乱码

转换结束后弹出如图 11.3 所示窗口,需要用压缩包内的 GB2UTF8.exe 工具对刚刚制作完成的 KML 文件进行处理,否则在 GoogleEarth 中打开后会出现文字乱码。

4. 打开 GB2UTF8.exe 工具

如图 11.4 所示。

5. 添加文件

点击"添加文件",如图 11.5 所示。

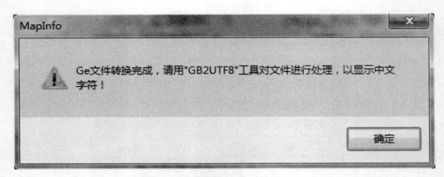

图 11.3　谷歌图层乱码处理提示对话框

名称	修改日期	类型	大小
ParametersTemplate	2015/1/20 星期...	文件夹	
GB2UTF8.exe	2006/2/7 星期二 ...	应用程序	72 KB
ReadMe.txt	2014/8/4 星期一 ...	文本文档	1 KB
RNOHelper_V1.2.0.MBX	2015/3/2 星期一 ...	MapBasic Applic...	295 KB
RNOHelper网优助手使用说明_V1.2.0.d...	2015/3/10 星期...	Microsoft Word ...	1,424 KB

图 11.4　打开 GB2UTF8 工具

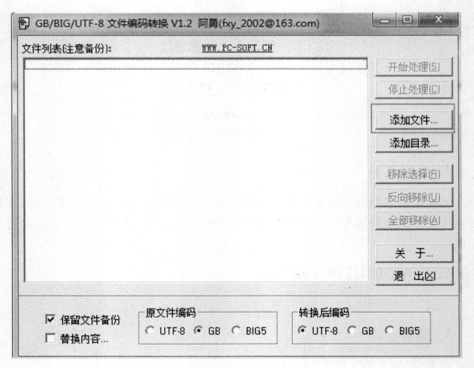

图 11.5　添加文件

6．选择文件

格式选择"所有文件"，将刚刚制作完成的 KML 文件选中，其他设置默认，如图 11.6 所示。

名称	修改日期	类型	大小
RNO_GeMap.kml	2020/5/14 11:27	KML	913
马鞍4G工参.kml	2020/5/14 9:26	KML	913
师院附近工参.kml	2020/5/28 9:17	KML	3,103

选择要预览的文件。

图 11.6　选中制作完成的 KML 文件

7．开始处理

点击"确定"，开始处理，如图 11.7 所示。

图 11.7　开始处理

8．处理完成

如图 11.8 所示。

图 11.8　文件处理完成

9．在谷歌地球打开图层

不显示名称的图层，如图 11.9 所示。显示名称的图层，如图 11.10 所示。

图 11.9　不显示名称的图层

图 11.10　显示名称的图层

实验 12

PCI 规 划

实验目的

（1）掌握 PCI 规划原则；
（2）完成长江师范学院基站的 PCI 规划。

实验环境

计算机、Mapinfo 软件、GoogleEarth 软件、RNO 软件。

实验内容

根据 PCI 规划原则，完成长江师范学院基站的 PCI 规划，并使用 MOD3 专题图层进行检验。

PCI 基 础

PCI 全称为"Physical Cell Identifier"，即物理小区标识，在 LTE 终端中以此区分不同小区的无线信号。LTE 系统提供 504 个 PCI，为 0～503，LTE 小区搜索流程中通过检索主同步序列（PSS，共有 3 种可能性）、辅同步序列（SSS，共有 168 种可能性），二者相结合来确定具体的小区 ID。

现实组网不可避免要对 PCI 进行复用，可能造成相同 PCI 由于复用距离过小而产生冲突（PCI 冲突）。PCI 规划（物理小区 ID 规划）的目的就是为每个 eNB 小区合理分配 PCI，以确保同频同 PCI 的小区下行信号之间不会互相产生干扰，避免影响手机正确同步和解码正常服务小区的导频信道。

一般来说，只要按照 Cluster 进行 PCI 复用，是可以保证复用距离的，在 PCI 规划中，这个条件很容易满足。

除此之外，PCI 还决定了 RS 的频域位置，为了避免邻区之间的 RS 干扰，PCI 的规划还需要符合其他的规则。

PCI 规划只针对同频邻区，如果是异频邻区可以不用考虑 PCI 规划，直接使用相同的 PCI。

1．单天线场景

PCI 直接决定了 RS 的频域分布，为了减少对 RS 测量的影响，我们需要尽量保证本小区和邻区的 RS 位置不同。根据 RS 分布的原则，对于单天线的网络，我们需要保证邻区之间的 PCI mod 6 的值不相同。对于 FDD 系统，优先保证站内邻区满足 PCI mod 6 原则，站间邻区尽量满足。对于 TDD 系统，由于所有基站的时间是同步的，因此站间的邻区也要满足此原则。

2．多天线场景

对于双天线以上的网络，我们遵循 PCI mod 3 的原则进行 PCI 规划。对于典型的 3 小区 eNodeB，我们一般将一个 PCI 组分配给这个小区，这样站内邻区的 PCI mod 3 结果分别是 0、1、2。基于简化 PCI 规划以及绝大部分基站都是多天线场景，所以 LTE 系统规划 PCI 时，均以 MOD3 来进行规划。考虑到未来基站扩容的需求以及在 Cluster 边界可能带来的干扰，在一个 Cluster 内可以预留一些 PCI 组。对于部分四扇区的 eNodeB，可以把相同的 PCI mod 3 分配给两个反向的小区。

 实验步骤

规划 PCI 的方法常规有以下 2 种。

1．方法一：工参表进行 PCI 预规划

在工参表里进行 PCI 预规划，将 PCI 填写进 Excel 工参表，如图 12.1 所示。用 Mapinfo 软件 MOD3 专题图层来验证规划的合理性，如图 12.2 所示。

TAC号	站点号	站点名	小区号	小区名
8996	689201	××师院后勤大楼	6892011	××师院后勤大楼_1
8996	689201	××师院后勤大楼	6892012	××师院后勤大楼_2
8996	689201	××师院后勤大楼	6892013	××师院后勤大楼_3
8996	689201	××师院后勤大楼	6892014	××师院后勤大楼_4
8996	689183	××马鞍师院北苑	6891831	××马鞍师院北苑_1
8996	689183	××马鞍师院北苑	6891832	××马鞍师院北苑_2
8996	689183	××马鞍师院北苑	6891833	××马鞍师院北苑_3
8996	689184	××师院九栋宿舍	6891843	××师院九栋宿舍_2
8996	689184	××师院九栋宿舍	6891844	××师院九栋宿舍_2
8996	689202	××师院九栋宿舍	6892024	××师院九栋宿舍_4
8996	689184	××师院九栋宿舍	6891847	××师院九栋宿舍_5
8996	689166	××马鞍师院	6891661	××马鞍师院_1
8996	689166	××马鞍师院	6891662	××马鞍师院_2
8996	689197	××马鞍佳玉宾馆	6891971	××马鞍佳玉宾馆_1
8996	689197	××马鞍佳玉宾馆	6891972	××马鞍佳玉宾馆_2
8996	689197	××马鞍佳玉宾馆	6891973	××马鞍佳玉宾馆_3

(a) Excel工参表左半部分

PCI	PRACH	经度	纬度	半径_米	波瓣_度	覆盖类型	下行频点	上行频点	方向角	双工
	32	107.26221	29.75629	0	0	宏站	1850		50	FDD
	32	107.26221	29.75629	0	0	宏站	1850		130	FDD
	18	107.26221	29.75629	0	0	宏站	1850		220	FDD
	32	107.26221	29.75629	0	0	宏站	1850		310	FDD
	14	107.25889	29.75701	0	0	宏站	1850		60	FDD
	14	107.25889	29.75701	0	0	宏站	1850		210	FDD
	14	107.25889	29.75701	0	0	宏站	1850		290	FDD
	42	107.26293	29.7488	0	0	宏站	1850		10	FDD
	42	107.26293	29.7488	0	0	宏站	1850		70	FDD
	19	107.26293	29.7488	0	0	宏站	1850		230	FDD
	19	107.26293	29.7488	0	0	宏站	1850		300	FDD
	92	107.26015	29.754	0	0	宏站	1850		180	FDD
	92	107.26015	29.754	0	0	宏站	1850		350	FDD
	40	107.26119	29.75801	0	0	宏站	1850		60	FDD
	40	107.26119	29.75801	0	0	宏站	1850		180	FDD
	40	107.26119	29.75801	0	0	宏站	1850		320	FDD

(b) Excel工参表右半部分

图 12.1　将 PCI 填写进 Excel 工参表

2. 方法二:修改 Mapinfo 图层的 PCI

① 先作成扇区图,如图 12.3 所示。

② 点击信息按钮  ,修改 Mapinfo 图层的 PCI 及 MOD3 信息,如图 12.4 所示。

③ 用 Mapinfo 软件 MOD3 专题图层来验证规划的合理性,如图 12.5 所示。

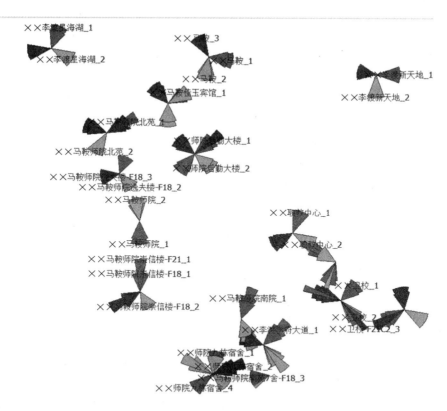

图 12.2 MOD3 专题图层验证规划合理性

图 12.3 扇区图

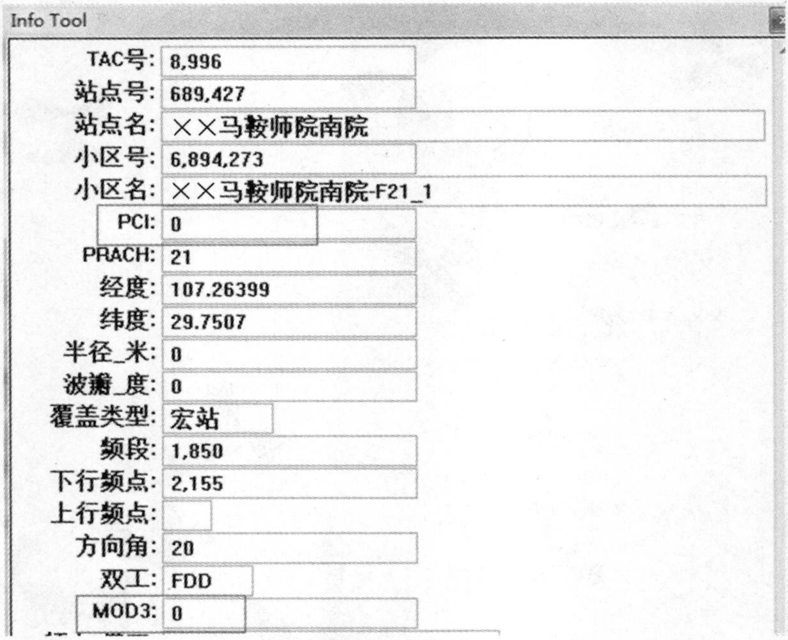

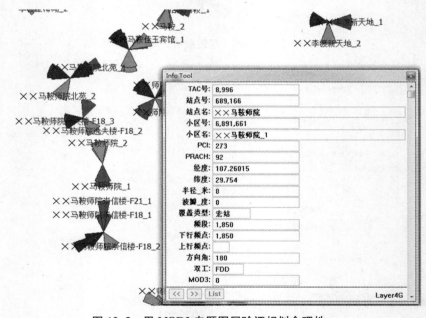

图 12.4　修改图层的 PCI 及 MOD3 信息

图 12.5　用 MOD3 专题图层验证规划合理性

④ 选择规划完成后的扇区,复制粘贴到新的空白工参表,再加上表头,完成

PCI 规划，如图 12.6 所示。

8996	689201	××师院后勤大楼	6892011	××师院后勤大楼_1
8996	689201	××师院后勤大楼	6892012	××师院后勤大楼_2
8996	689201	××师院后勤大楼	6892013	××师院后勤大楼_3
8996	689201	××师院后勤大楼	6892014	××师院后勤大楼_4
8996	689183	××马鞍师院北苑	6891831	××马鞍师院北苑_1
8996	689183	××马鞍师院北苑	6891832	××马鞍师院北苑_2
8996	689183	××马鞍师院北苑	6891833	××马鞍师院北苑_3
8996	689184	××师院九栋宿舍	6891843	××师院九栋宿舍_1
8996	689184	××师院九栋宿舍	6891844	××师院九栋宿舍_2
8996	689202	××师院九栋宿舍	6892024	××师院九栋宿舍_4
8996	689184	××师院九栋宿舍	6891847	××师院九栋宿舍_5
8996	689166	××马鞍师院	6891661	××马鞍师院_1
8996	689166	××马鞍师院	6891662	××马鞍师院_2
8996	689197	××马鞍佳玉宾馆	6891971	××马鞍佳玉宾馆_1
8996	689197	××马鞍佳玉宾馆	6891972	××马鞍佳玉宾馆_2
8996	689197	××马鞍佳玉宾馆	6891973	××马鞍佳玉宾馆_3

(a) Excel工参表左半部分

93	32	107.262	29.7563	0	0	宏站	1850	1850	50	FDD	0
94	32	107.262	29.7563	0	0	宏站	1850	1850	130	FDD	1
51	18	107.262	29.7563	0	0	宏站	1850	1850	220	FDD	0
95	32	107.262	29.7563	0	0	宏站	1850	1850	310	FDD	2
39	14	107.259	29.757	0	0	宏站	1850	1850	60	FDD	0
40	14	107.259	29.757	0	0	宏站	1850	1850	210	FDD	1
41	14	107.259	29.757	0	0	宏站	1850	1850	290	FDD	2
123	42	107.263	29.7488	0	0	宏站	1850	1850	10	FDD	0
124	42	107.263	29.7488	0	0	宏站	1850	1850	70	FDD	1
54	19	107.263	29.7488	0	0	宏站	1850	1850	230	FDD	0
55	19	107.263	29.7488	0	0	宏站	1850	1850	300	FDD	1
273	92	107.26	29.754	0	0	宏站	1850	1850	180	FDD	0
274	92	107.26	29.754	0	0	宏站	1850	1850	350	FDD	1
117	40	107.261	29.758	0	0	宏站	1850	1850	60	FDD	0
118	40	107.261	29.758	0	0	宏站	1850	1850	180	FDD	1
119	40	107.261	29.758	0	0	宏站	1850	1850	320	FDD	2

(b) Excel工参表右半部分

图 12.6　完成 PCI 规划

实验 13

邻 区 规 划

实验目的

（1）掌握邻区规划原则；
（2）完成长江师范学院基站的邻区规划。

实验环境

计算机、Mapinfo 软件。

实验内容

根据 PCI 规划原则，完成对长江师范学院基站的邻区规划。

邻区规划基础

同频邻区：中心频点相同的 EUTRAN 邻区（带宽可以不同），每个小区最多支持 64 个同频邻区的配置。

异频邻区：中心频点不同的 EUTRAN 邻区，每个小区最多支持 64 个异频邻区，8 个异频频点。

异系统邻区：其他制式的邻区，目前 LTE 支持 GSM、UMTS、TD-SCDMA 以及 CDMA 2000 4 种系统的互操作；每个异系统最多支持 64 个邻区配置，8 个频点。

邻区规划原则：

① 邻近原则：同站邻区及地理位置上相邻的小区一般作为邻区。

② 互易性原则：如果小区 A 在小区 B 的邻区列表中，那么小区 B 一般也要在小区 A 的邻区列表中；特殊情况下，可以配置单向邻区。

③ 百分比重叠覆盖原则：如果两个小区重叠覆盖区域达到一定比例（如 20%），则互加为邻区；对于密集城区和普通城区，由于站间距比较近（0.5~1.5 km），应该多作邻区。

 实验步骤

1. 制作 Mapinfo 扇区图层

将需要进行邻区规划的小区制作成 Mapinfo 扇区图层，如图 13.1 所示。

图 13.1　Mapinfo 扇区图层

2.选定规划小区及邻区

如需使用半径为基准,就点击半径选择按钮 ;如需要选择的小区无特定规则,可使用多边形选择按钮 。本次实验使用多边形选择按钮,根据规划原则,将需要规划为邻区的小区均选用多边形,如图 13.2 所示。

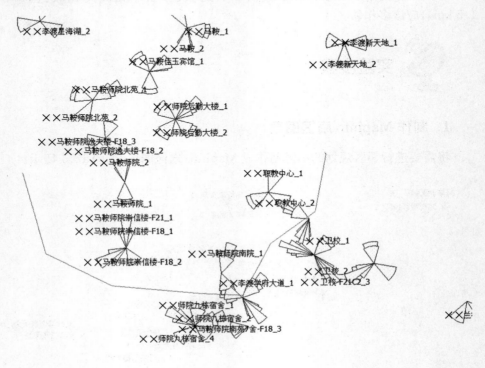

图 13.2 多边形选择

3.选中需要小区

多边形选择完成后尽量成环,避免选中不需要的小区,如图 13.3 所示。

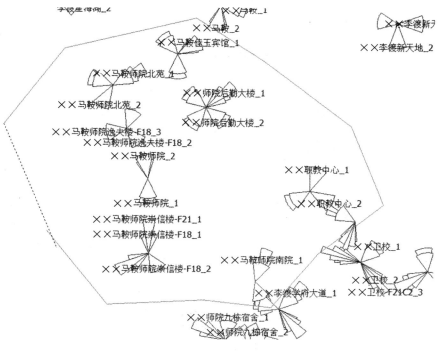

图 13.3　选中需要小区

4．为选中的图层增加明显标记

双击鼠标左键,选中的小区图层会增加明显标记,如图 13.4 所示。

5．制表

将选中的小区的信息复制到空白 Excel 表里,如图 13.5 所示。

6．制作邻区表

在只保留小区名称情况下,增加主小区信息,形成邻区表,如图 13.6 所示。

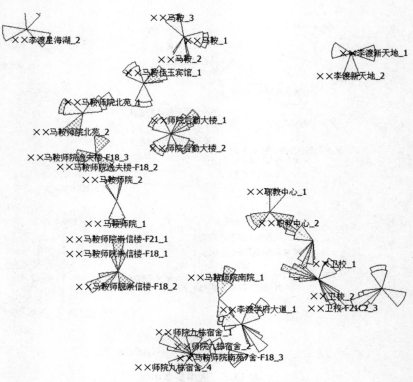

图 13.4　选中的小区图层增加明显标记

8996	689201	××师院后勤大楼	6892011	××师院后勤大楼_1	93
8996	689201	××师院后勤大楼	6892012	××师院后勤大楼_2	94
8996	689201	××师院后勤大楼	6892013	××师院后勤大楼_3	51
8996	689201	××师院后勤大楼	6892014	××师院后勤大楼_4	95
8996	689183	××马鞍师院北苑	6891832	××马鞍师院北苑_2	40
8996	689183	××马鞍师院北苑	6891833	××马鞍师院北苑_3	41
8996	689166	××马鞍师院	6891661	××马鞍师院_1	273
8996	689166	××马鞍师院	6891662	××马鞍师院_2	274
8996	689197	××马鞍佳玉宾馆	6891971	××马鞍佳玉宾馆_1	117
8996	689234	××李渡学府大道	6892343	××李渡学府大道_3	59
8996	689500	××职教中心	6895002	××职教中心_2	199
8996	689500	××职教中心	6895003	××职教中心_3	200
8996	689427	××马鞍师院南院	6894271	××马鞍师院南院_1	60
8996	689427	××马鞍师院南院	6894272	××马鞍师院南院_2	61

(a) 表左半

32	107.262	29.7563	0	0	宏站	1850	1850	50	FDD	0
32	107.262	29.7563	0	0	宏站	1850	1850	130	FDD	1
18	107.262	29.7563	0	0	宏站	1850	1850	220	FDD	0
32	107.262	29.7563	0	0	宏站	1850	1850	310	FDD	2
14	107.259	29.757	0	0	宏站	1850	1850	210	FDD	1
14	107.259	29.757	0	0	宏站	1850	1850	290	FDD	2
92	107.26	29.754	0	0	宏站	1850	1850	180	FDD	0
92	107.26	29.754	0	0	宏站	1850	1850	350	FDD	1
40	107.261	29.758	0	0	宏站	1850	1850	60	FDD	0
20	107.265	29.7498	0	0	宏站	1850	1850	290	FDD	2
67	107.266	29.7536	0	0	宏站	1850	1850	120	FDD	1
67	107.266	29.7536	0	0	宏站	1850	1850	240	FDD	2
21	107.264	29.7507	0	0	宏站	1850	1850	20	FDD	0
21	107.264	29.7507	0	0	宏站	1850	1850	160	FDD	1

(c) 表右半

图 13.5　选中小区的信息复制到空白 Excel 表中

小区名	邻区小区
××马鞍师院_1	××师院后勤大楼_1
××马鞍师院_1	××师院后勤大楼_2
××马鞍师院_1	××师院后勤大楼_3
××马鞍师院_1	××师院后勤大楼_4
××马鞍师院_1	××马鞍师院北苑_2
××马鞍师院_1	××马鞍师院北苑_3
××马鞍师院_1	××马鞍师院_1
××马鞍师院_1	××马鞍师院_2
××马鞍师院_1	××马鞍佳玉宾馆_1
××马鞍师院_1	××李渡学府大道_3
××马鞍师院_1	××职教中心_2
××马鞍师院_1	××职教中心_3
××马鞍师院_1	××马鞍师院南院_1
××马鞍师院_1	××马鞍师院南院_2
××马鞍师院_1	××卫校_3
××马鞍师院_1	××马鞍师院-F18_1
××马鞍师院_1	××马鞍师院-F18_2
××马鞍师院_1	××马鞍佳玉宾馆-F18_1
××马鞍师院_1	××师院后勤大楼-F18_1
××马鞍师院_1	××师院后勤大楼-F18_2
××马鞍师院_1	××师院后勤大楼-F18_3
××马鞍师院_1	××师院后勤大楼-F18_4
××马鞍师院_1	××卫校-F18_3
××马鞍师院_1	××马鞍师院南院-F21_1
××马鞍师院_1	××马鞍师院崇信楼-F18_1
××马鞍师院_1	××马鞍师院崇信楼-F18_2
××马鞍师院_1	××马鞍师院崇信楼-F18_3
××马鞍师院_1	××马鞍师院逸夫楼-F18_1
××马鞍师院_1	××马鞍师院逸夫楼-F18_2
××马鞍师院_1	××马鞍师院逸夫楼-F18_3
××马鞍师院_1	××李渡学府大道-F18_3
××马鞍师院_1	××马鞍师院南院-F18_1
××马鞍师院_1	××马鞍师院南院-F18_2

图 13.6　邻区表

7. 确保双向邻区信息正确

　　由于大部分情况是双向邻区，需进行邻区对调，确保双向邻区的信息准确。另外，需检查站内邻区是否遗漏，并删除本小区与本小区的邻区对信息，如图 13.7 所示红框中的邻区对。

小区名	邻区小区
××马鞍师院_1	××师院后勤大楼_1
××马鞍师院_1	××师院后勤大楼_2
××马鞍师院_1	××师院后勤大楼_3
××马鞍师院_1	××师院后勤大楼_4
××马鞍师院_1	××马鞍师院北苑_2
××马鞍师院_1	××马鞍师院北苑_3
××马鞍师院_1	××马鞍师院_1
××马鞍师院_1	××马鞍师院_2
××马鞍师院_1	××马鞍佳玉宾馆_1
××马鞍师院_1	××李渡学府大道_3
××马鞍师院_1	××职教中心_2
××马鞍师院_1	××职教中心_3
××马鞍师院_1	××马鞍师院南院_1
××马鞍师院_1	××马鞍师院南院_2
××马鞍师院_1	××卫校_3
××马鞍师院_1	××马鞍师院-F18_1
××马鞍师院_1	××马鞍师院-F18_2
××马鞍师院_1	××马鞍佳玉宾馆-F18_1
××马鞍师院_1	××师院后勤大楼-F18_1
××马鞍师院_1	××师院后勤大楼-F18_2
××马鞍师院_1	××师院后勤大楼-F18_3
××马鞍师院_1	××师院后勤大楼-F18_4
××马鞍师院_1	××卫校-F18_3
××马鞍师院_1	××马鞍师院南院-F21_1
××马鞍师院_1	××马鞍师院崇信楼-F18_1
××马鞍师院_1	××马鞍师院崇信楼-F18_2
××马鞍师院_1	××马鞍师院崇信楼-F18_3
××马鞍师院_1	××马鞍师院逸夫楼-F18_1
××马鞍师院_1	××马鞍师院逸夫楼-F18_2
××马鞍师院_1	××马鞍师院逸夫楼-F18_3
××马鞍师院_1	××李渡学府大道-F18_3
××马鞍师院_1	××马鞍师院南院-F18_1
××马鞍师院_1	××马鞍师院南院-F18_2
××马鞍师院_1	××卫校-F21_3
××马鞍师院_1	××卫校-F21C2_1
××马鞍师院_1	××马鞍师院崇信楼-F21_1
××马鞍师院_1	××马鞍师院崇信楼-F21_3
××马鞍师院_1	××师院后勤大楼-F21_4
××马鞍师院_1	××卫校灯杆-F21C2_1
××马鞍师院_1	××卫校灯杆-F21C2_2
××马鞍师院_1	××职教中心_(劈)3
××马鞍师院_1	××职教中心-F18_(劈)3
××马鞍师院_1	××马鞍师院北苑-F18_3
××马鞍师院_1	××马鞍佳玉宾馆-F18_4-工程期
××师院后勤大楼_1	××马鞍师院_1
××师院后勤大楼_2	××马鞍师院_1
××师院后勤大楼_3	××马鞍师院_1
××师院后勤大楼_4	××马鞍师院_1
××马鞍师院北苑_2	××马鞍师院_1
××马鞍师院北苑_3	××马鞍师院_1
××马鞍师院_1	××马鞍师院_1
××马鞍师院_2	××马鞍师院_1
××马鞍佳玉宾馆_1	××马鞍师院_1
××李渡学府大道_3	××马鞍师院_1
××职教中心_2	××马鞍师院_1
××职教中心_3	××马鞍师院_1
××马鞍师院南院_1	××马鞍师院_1
××马鞍师院南院_2	××马鞍师院_1
××卫校_3	××马鞍师院_1
××马鞍师院-F18_1	××马鞍师院_1
××马鞍师院-F18_2	××马鞍师院_1
××马鞍佳玉宾馆-F18_1	××马鞍师院_1
××师院后勤大楼-F18_1	××马鞍师院_1
××师院后勤大楼-F18_2	××马鞍师院_1
××师院后勤大楼-F18_3	××马鞍师院_1
××师院后勤大楼-F18_4	××马鞍师院_1
××卫校-F18_3	××马鞍师院_1
××马鞍师院南院-F21_1	××马鞍师院_1
××马鞍师院崇信楼-F18_1	××马鞍师院_1
××马鞍师院崇信楼-F18_2	××马鞍师院_1
××马鞍师院崇信楼-F18_3	××马鞍师院_1
××马鞍师院逸夫楼-F18_1	××马鞍师院_1
××马鞍师院逸夫楼-F18_2	××马鞍师院_1
××马鞍师院逸夫楼-F18_3	××马鞍师院_1
××李渡学府大道-F18_3	××马鞍师院_1
××马鞍师院南院-F18_1	××马鞍师院_1
××马鞍师院南院-F18_2	××马鞍师院_1

图 13.7　确保双向邻区信息正确

第3部分

5G无线通信

实验 14

5G 通信频段信道容量仿真实验

实验目的

（1）掌握信道容量的定义与计算；
（2）掌握利用 MATLAB 编程仿真信噪比的方法；
（3）理解不同频率对信道容量的影响；
（4）了解 5G 商用频段。

实验环境

计算机、MATLAB R2019b 软件。

实验原理

1. 库函数产生随机数

利用 MATLAB 库函数 rand 产生均匀分布的随机数。rand 函数产生$(0,1)$内均匀分布的随机数的方法如下：

① x = rand(m)

产生一个 $m \times m$ 的矩阵，所含元素取值为在$(0,1)$内均匀分布的随机数。

② x = rand(m,n)

产生一个 $m \times n$ 的矩阵，所含元素取值为在$(0,1)$内均匀分布的随机数。

③ x = rand

产生一个随机数。

2．信道容量

信道容量指信道能够无差错传输时的最大平均信息速率。香农容量是指给定信号和信道噪声的平均功率时，在具有一定频带宽度的信道上的单位时间内可能传输的信息量的理论极限数值。

由香农信息论可证，白噪声背景下的连续信道容量为

$$C = B \log_2 \left(1 + \frac{S}{n_0 B}\right)$$

其中，C 为香农容量（b/s），S 为信号平均功率（W），B 为带宽（Hz），n_0 为噪声单边功率谱密度（W/Hz）。

3．信道中的噪声

信道容量受噪声的影响，由信道容量公式可知，噪声越大，信道容量越小。噪声是指信道中存在的不需要的电信号，它独立于信道始终存在，又称加性干扰，它可使信号失真、发生错码、限制传输速率。

按来源，噪声可分为人为噪声、自然噪声和内部噪声；按性质，噪声可分为脉冲噪声、窄带噪声和起伏噪声，其中，热噪声来自一切电阻性元器件中电子的热运动，频率均匀分布在 $0 \sim 10^{12}$ Hz。由于在一般通信系统中的工作频率范围内，热噪声的功率谱密度是均匀分布的，所以热噪声又称为白噪声。由于热噪声的幅度统计特性（时域）服从高斯分布，故又称为高斯白噪声。讨论噪声对于通信系统的影响时，主要是考虑起伏噪声，特别是白噪声的影响。

4．路径损耗

无线信号传播过程中，会发生信号衰落现象，这是因为相比于有线信道来说，无线信道工作环境较为恶劣。通信终端既可能处于城市建筑群之间，也可能处于山川、森林和海洋等复杂地形区域，无线电波的衰落特性具有很大的随机性。无线电波除了直射外，还会发生反射、绕射、散射，这都会让无线电波的能量产生一定的损耗，从而造成信号衰落。信号衰落可以分为大尺度衰落和小尺度衰落。大尺度衰落是描述发射机和接收机长距离（数百或数千米）或长时间范围内的信号场强的变化情况；小尺度衰落描述的是小尺度区间（数个或数十个波长）或短时间（秒级）内的信号场强的快速变化情况。大尺度衰落主要影响无线区的覆盖，合理的设计可以大幅减少这种不利的影响；小尺度衰落严重影响信号传输质量，并且是不可避免的，只能采用抗衰落技术来减少其影响。小尺度衰落较为复杂，对其分析将在其他实验中进行讨论。而大尺度衰落包括路径损耗和阴影衰落两种类型，为简单起见，本实验只考虑影响较大的路径损耗。本实验采用的典型路径损耗公式如下：

$$L = 10\lg\left(\frac{P_T}{P_R}\right) = 32.5 + 20\lg(f) + 20\lg(d)$$

其中, L 为自由空间损耗(dB), P_T 为发射功率(W), P_R 为接收功率(W), d 为距离(km), f 为频率(MHz)。

5. 5G 商用频段

根据 2022 年, 全球移动设备供应商协会(GSA)发布的《全球 5G 发展报告》, 全球 63 家 5G 商用运营商及其占用的频段如表 14.1 所示, 可以看出, 当前世界绝大部分运营商的商用 5G 通信频段在 1~4 GHz。

表 14.1 5G 商用运营商及其频段

序号	国家/地区	运营商	5G 商用频段
1	澳大利亚	Optus	3.6 GHz
2	澳大利亚	Telstra	3.6 GHz
3	奥地利	Drei	3.5 GHz
4	奥地利	Magenta Telekom	3.5 GHz
5	巴林	Batelco	3.5 GHz
6	巴林	Viva	3.5 GHz
7	中国	中国移动	2.6 GHz 和 4.8~4.9 GHz
8	中国	中国电信	3.4~3.5 GHz
9	中国	中国联通	3.5~3.6 GHz
10	爱沙尼亚	Elisa	3.4~3.8 GHz
11	芬兰	DNA	3.5 GHz
12	芬兰	Elisa	3.4~3.8 GHz
13	芬兰	Telia	3.5 GHz
14	德国	Telekom	3.5 GHz
15	德国	Vodafone	3.5 GHz
16	关岛	DoCoMo Pacific	2.5 GHz
17	匈牙利	Vodafone HU	3.6 GHz
18	爱尔兰	Eir	3.6 GHz
19	爱尔兰	Vodafone	3.6 GHz
20	意大利	TIM	3.6~3.8 GHz
21	意大利	Vodafone	3.5 GHz

续表

序号	国家/地区	运营商	5G 商用频段
22	科威特	Ooredoo	3.5 GHz
23	科威特	Viva	3.5 GHz
24	科威特	Zain	3.5 GHz
25	拉脱维亚	L . MT	3.5 GHz
26	拉脱维亚	Tele2	3.5 GHz
27	莱索托	Vodacom	3.5 GHz
28	马尔代夫	Dhiraagu	3.6～3.7 GHz
29	摩纳哥	Monaco Telecom	3.5 GHz
30	新西兰	Spark	2.6 GHz
31	新西兰	Vodafone	3.5 GHz
32	阿曼	Omantel	3.5 GHz
33	波兰	T-Mobile	3.5 GHz
34	波多黎各	T-Mobile	600 MHz
35	卡塔尔	Ooredoo	3.5 GHz
36	卡塔尔	Vodafone	3.5 GHz
37	罗马尼亚	Digi	3.6～3.8 GHz
38	罗马尼亚	Orange	3.4～3.6 GHz
39	罗马尼亚	Vodafone	3.5 GHz
40	沙特阿拉伯	STC	3.5 GHz
41	沙特阿拉伯	Zain	2.6 GHz 和 3.5 GHz
42	沙特阿拉伯	RAIN	3.6 GHz
43	韩国	KT	3.5 GHz
44	韩国	LGU＋	3.5 GHz
45	韩国	SK Telecom	3.5 GHz
46	西班牙	Vodafone	3.7 GHz
47	苏里南	Telesur	3.5 GHz
48	瑞典	Telia	3.5～3.7 GHz
49	瑞士	Sunrise	700 MHz 和 3.5 GHz
50	瑞士	Swisscom	3.5 GHz

续表

序号	国家/地区	运营商	5G 商用频段
51	菲律宾	Globe	2.6 GHz～3.5 GHz
52	特立尼达和多巴哥	bmobile	2.5 GHz
53	阿联酋	Du	3.5 GHz
54	阿联酋	Etisalat	3.5 GHz
55	英国	Three	3.5 GHz
56	英国	EE	3.5 GHz
57	英国	02	3.5 GHz
58	英国	Vodafone	3.5 GHz
59	乌拉圭	Antel	28 GHz
60	美国	AT&T	39 GHz 和 850 MHz
61	美国	Sprint	2.5 GHz
62	美国	T-Mobile	28 GHz 和 600 MHz
63	美国	Verizon	28 GHz

 实验内容

实验基本参数如表 14.2 所示。

表 14.2　实验基本参数

基站带宽	60 MHz	用户数	15
噪声单边功率谱密度	10^{-20} W/Hz	基站发射功率	20 W

用户均匀分布在以基站坐标 (1000,1000) 为中心,半径为 1000 m 的圆形区域内。

要求:设计程序。

① 画出基站与用户分布图;

② 计算用户与基站之间的平均距离,基站频率资源平均分配给所有用户,画出位于平均距离处的用户最大信息速率随载波频率在区间 [1 GHz, 4 GHz] 变化的曲线图。

实验程序

```
clear;
clc;
%基本配置
B_base = 6 * 10^7;%基站带宽
N = 15;%用户数
P_base = 20;%基站发射功率
p_nosi = 10^( - 20);%单边噪声功率谱密度


%基站及用户坐标
base = [150,150];%基站坐标
Useres_X = zeros(N,1);%用户 X 轴坐标,初始化
Useres_Y = zeros(N,1);%用户 Y 轴坐标,初始化


%%1)画出基站与用户分布图
figure(1);
plot(base(1),base(2),'rp')%基站分布
hold on
i = 1;
while(1)
      useres_x = 300 * rand;%用户 x 坐标,均匀分布
      useres_y = 300 * rand;%用户 y 坐标,均匀分布
      if sqrt((useres_x - base(1))^2 + (useres_y - base(2))^2)< = 150 && sqrt
((useres_x - base(1))^2 + (useres_y - base(2))^2)~ = 0%判断用户位置是否在基
站覆盖半径内,判断用户位置是否和基站位置重合
            plot(useres_x,useres_y,'k.')%画出用户点
            hold on
            Useres_X(i) = useres_x;%用户 X 轴坐标
            Useres_Y(i) = useres_y;%用户 Y 轴坐标
            i = i + 1;
      end
      if i = = N + 1%保证不超过 15 个有效用户
            break;
```

```
        end
    end
    title('基站与用户分布');
    xlabel('X 坐标（单位：m）');
    ylabel('Y 坐标（单位：m）');
    legend('基站','用户');%图例


    %%2)计算用户与基站之间的平均距离
    d_sum = 0;%所有用户与基站间距离的总和,初始化
    for j = 1:N
        d_sum = d_sum + sqrt((Useres_X(j) − base(1))^2 + (Useres_Y(j) − base
    (2))^2);%计算某用户与基站之间的距离
    end
    d_mean = d_sum/N%平均距离


    %%3)频率资源平均分配给所有用户,画出位于平均距离处的用户最大信息
    速率随载波频率[1GHz，4GHz]变化的曲线图
    figure(2);
    F = 1:0.01:4;%载波频率在区间[1，4]变化,单位为 GHz,作为画图 X 轴
    变量
    C = zeros(301,1);%用户最大信息速率,初始化
    m = 1;
    for f = 10^9:0.01 * 10^9:4 * 10^9%载波频率在区间[1GHz，4GHz]变化,单
    位为 Hz
        P_R = P_base/10^((32.5 + 20 * log(f/10^6) + 20 * log(d_mean/10^3))/
    10);%用户接收功率,有用功率
        C(m) = B_base * log2(1 + P_R/(p_nosi * B_base))/10^6;%某载波频率
    下的用户最大信息速率
        m = m + 1;
    end
    plot(F,C,'r');
    title('平均距离处用户最大信息速率随载波频率变化的曲线图');
    xlabel('载波频率（单位：GHz）');
    ylabel('用户最大信息速率（单位：Mbit/s）');
```

实验分析

图 14.1 与图 14.3 分别为 t_1 时刻与 t_2 时刻的基站用户分布图，图 14.2 与图 14.4 分别为 t_1 时刻与 t_2 时刻的平均距离处用户最大信息速率随载波频率变化图。在 5G 通信中，用户终端类型多样，如移动手机、汽车、传感器、机器人等等，很多终端具有移动性，因此本实验仿真两个时刻的 5G 通信用户处于不同的位置。

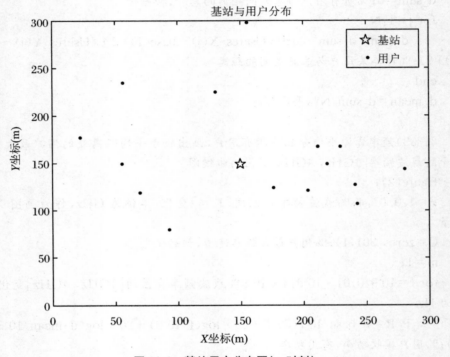

图 14.1　基站用户分布图（t_1 时刻）

平均距离是指所有用户与基站之间的平均距离，这一段位具有一定代表性。从图 14.2 与图 14.4 可以看出，无论用户位置如何移动，平均距离处的用户速率都随载波频率的增高而显著下降，这也提示载波频率不是越高越好。香农公式是基于白噪声背景的，即通信受到的噪声影响较大，但从本实验可以看出，用户的最大的平均信息速率可达几十上百 Mbps，5G 大带宽密集组网确实可以带来信息速率的提升。4G 通信基站最大带宽为 20 MHz，而 5G 通信基站最大带宽为数百兆赫兹。密集组网也是 5G 通信的显著特征，5G 通信宏基站覆盖半径为几百米，微基站覆盖半径在 10 m 左右，用户距离基站更近，信号传播过程中衰减更小，但建站成本会较高。

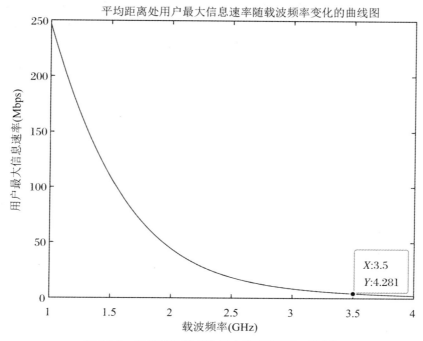

图 14.2　平均距离处用户最大信息速率(t_1 时刻)

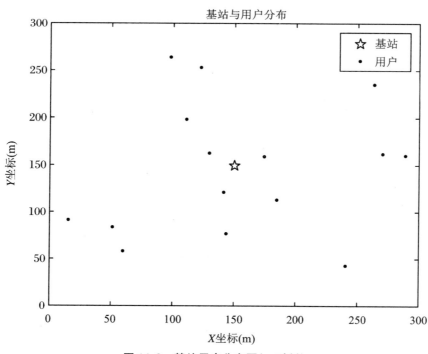

图 14.3　基站用户分布图(t_2 时刻)

根据电磁波不同频率特性，其传播方式主要有地波传播、天波传播、视线传播、散射传播。用于通信的电磁波频率一般较高，在传播过程中总会受到地面和大气层的影响（绕射、衍射、反射、散射、吸收等），使得信号功率衰减。本实验表明高频段虽有大量未开发使用的空白频段，但频率越高，信号衰减越严重，用户速率未必能够得到提高。

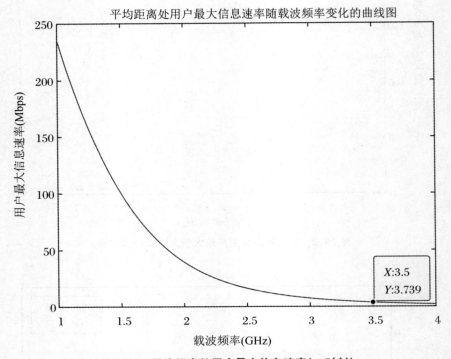

平均距离处用户最大信息速率随载波频率变化的曲线图

图 14.4　平均距离处用户最大信息速率（t_2 时刻）

实验 15

校园室内外三维无线覆盖质量测评实验

实验目的

（1）理解电磁波无线传播理论；

（2）理解无线通信覆盖的原理与方法；

（3）掌握无线覆盖的测量工具；

（4）掌握无线覆盖的性能指标定义与计算；

（5）了解基站部署与通信网络优化的概念。

实验环境

计算机、手机、网优魔方等应用软件。

实验原理

1. 无线信道测量

无线信道特性直接影响着通信系统的性能，对信道特性的分析和建模对无线通信系统设计、覆盖规划、技术研究和工程实现具有支撑作用，而精确地建立无线信道统计模型需要通过大量测量活动获取实际信道参数值（图 15.1）。

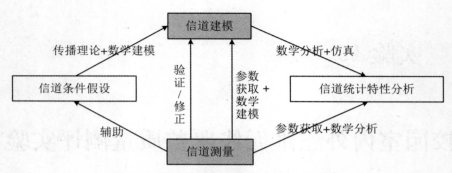

图 15.1　信道测量与信道特性分析的关系

2. 无线覆盖的性能指标

RSRP(Reference Signal Receiving Power,参考信号接收功率)是无线信号强度的关键参数以及物理层测量需求之一,是接收到的参考信号功率的平均值。SINR(Signal to Interference plus Noise Ratio,信号与干扰加噪声比)是指接收到的有用信号功率与接收到的干扰信号(噪声和干扰)的功率的比值,可以简单地理解为"信噪比"。

3. 影响无线覆盖质量的因素

无线网络覆盖质量不高的原因可归为 4 类:第一,预期的网络覆盖结果与实际覆盖之间有明显差异;第二,区域无线环境发生变化;第三,规划参数与工程实际参数有出入;第四,出现新的区域覆盖要求。保证移动通信质量和指标的先决条件是高覆盖率,移动通信网络覆盖率的问题主要表现为覆盖空洞、覆盖率低、跨区域覆盖、无线电频率污染和邻近地区位置不合理等几个方面,详述如下:

(1)弱覆盖

原因主要包括网络设计不周全、不完善,发射功率配置达不到要求,工程质量差,设备有故障,区域内高层建筑影响信号穿透。

(2)孤岛效应

原因主要包括无线环境复杂,基站发射的功率太大、天线挂高过高、天线方位角以及下倾角设置不合理。

(3)越区覆盖

原因主要包括天线挂高不合理、天线下倾角设置不当、波导效应、水面反射。

(4)系统干扰

原因主要包括相邻小区同频干扰、不同小区交叠覆盖、系统设备不理想。

实验内容

① 对大学校园室外环境（道路、生活区、教学区等）进行三维无线覆盖测量，获得覆盖性能参数，并分析给出优化建议；

② 对大学校园室内环境进行三维无线覆盖测量（教学楼、宿舍楼、餐厅等），获得覆盖性能参数，并分析给出优化建议。

 实验步骤

本实验以长江师范学院为测量地点和分析对象，具体项目如下：

1. 大学校园室外环境三维无线覆盖测量

规划项目研究所需数据采集路线，目的是为了更好、更有序地完成所需数据的采集，提高研究的效率，使数据更具有完整性、可靠性。如图 15.2 所示，规划的测量路线以校园的主干道为数据采集路线，起点为北苑一舍，终点为南苑八舍，全程一共 14 条路线总长 10 km，每相隔 50 m 采集一次数据。

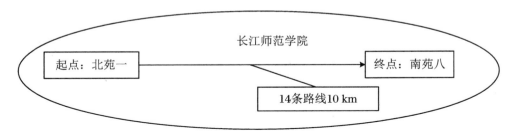

图 15.2　室外环境三维无线覆盖测量路线

2. 大学校园室内环境三维无线覆盖测量

测量和分析室内三维空间中的无线覆盖质量，室内环境应当选择人口密集的地方，如教学楼、办公楼、图书馆、食堂以及宿舍楼等，这些都是最佳的、典型的测量地点。

图 15.3 所示为一栋高 24 m 的办公楼，层高 4 m，共 6 层。图 15.4 所示为一栋高 18 m 的生活楼，层高 3 m，共 6 层。对每一楼层进行打点测试，如图 15.5 所示。

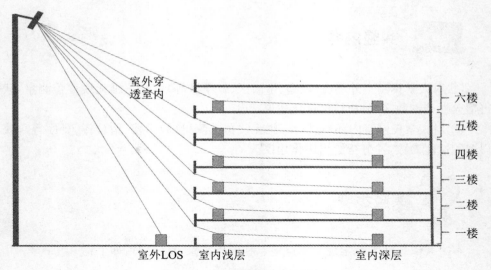

图 15.3　办公楼室内无线覆盖图

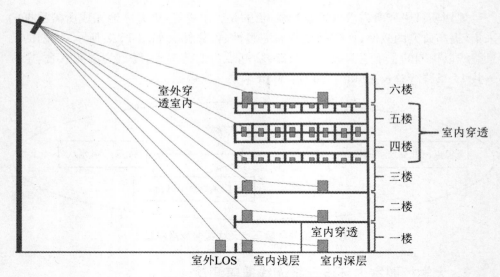

图 15.4　生活楼室内无线覆盖图

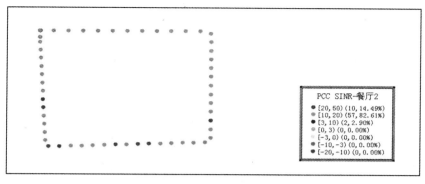

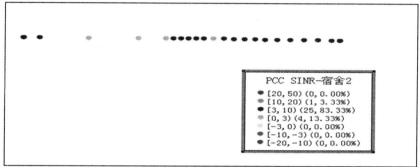

图 15.5　打点测试

 实验分析

1. 大学校园室外环境三维无线覆盖测量

（1）不同运营商的数据分析

从表 15.1 的对比结果来看，中国电信信号综合覆盖率的 RSRP，SINR 参数都要略胜一筹，而中国移动和中国联通的信号在参数上相对偏低，其主要原因应该是运营商网络设备分布有问题、信号区域切换参数设置不合理等。

弱覆盖需加站、需加强定位准确性，影响校园网络覆盖效果的主要原因为天线挂高低差大于 15 m 的校园区域比例过大；同时因为个别频段所遇问题的不同和相互干扰，对综合覆盖率也有很大的负面影响。

表 15.1　运营商综合覆盖率整体对比

运营商	综合覆盖率	RSRP(dBm)	SINR(dB)
移动	96.32%	−80.32dB	12.23
电信	96.97%	−81.23dB	13.31
联通	95.83%	−76.23dB	12.98

（2）不同区域的数据分析

如表 15.2 所示，北苑比南苑的通信网络综合覆盖率要更高，该问题是由南苑长期弱覆盖、等待加站所致。加站前的弱覆盖点对其设备维护不力，导致部分区域通信网络覆盖率长期不达标。在校园南苑主干道附近 1 km 范围内，通信网络的覆盖率（93.5%）要远低于北苑地区的平均水平（98.7%）。通过对校园网络的数据进行分析发现该区域存在个别低覆盖区域，如从北苑主干道始点起至 2 km 处，综合覆盖率从 96.97% 变为了 95.32%，RSRP 平均值下降了 0.7 dB。

表 15.2　区域整体指标对比

区域	下载速率（Mbps）	上传速率（Mbps）	综合覆盖率
北苑主干道（长度 3 km）	17.35	2.89	98.7%
南苑主干道（长度 1 km）	20.79	3.57	93.50%

2. 大学校园室内环境三维无线覆盖测量

（1）办公区

由表 15.3 可以看出，办公区的整体 RSRP 信号比较好，每一层楼都满足要求的 RSRP ≥ −85（dBm），但是 SINR ≥ 23（dB）的要求就只有一楼满足，三楼的 SINR 极低。随之通过对网速的测量，也可以非常直观地看出上传速率和下载速率偏低，存在着显而易见的越区域覆盖，导致这些楼层被不断切换小区，信息系统的覆盖率降低以及出现故障和掉线的风险。通过图 15.6 可以更加直观地看出数据的起伏。

表 15.3 办公区室内通信质量相关数据

参数 \ 楼层		一楼	二楼	三楼	四楼	五楼	六楼
ECI		809509-132	809509-134	809592-134	809509-134	809592-134	809592-135
RSRP(dBm)		-83	-71	-77	-71	-64	-68
SINR(dB)		24	18	3	14	17	14
FTP	上传速率(Mbps)	3	5.8	2.1	4.4	4.5	5.6
	下载速率(Mbps)	22.4	21.6	4.8	18.2	34.2	20.9

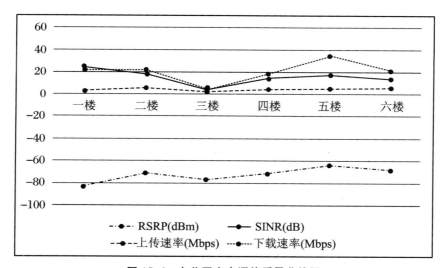

图 15.6 办公区室内通信质量曲线图

（2）生活区

由表 15.4 可以看出，生活区的二、三、四楼普遍信号较差，近点要求 RSRP≥-85(dBm)，SINR≥23(dB)，很明显这 3 层都达不到要求。通过对网速的测量，也可以非常直观地看出不是上传速率低，就是下载速率低，说明这里存在弱覆盖现象。另外，由于存在明显的越区域覆盖，导致这些楼层不断切换小区，信息系统的覆盖率降低以及出现故障和掉线的风险。通过图 15.7 可以更加直观地看出数据的起伏。

表 15.4 生活区室内通信质量相关数据

参数 \ 楼层		一楼	二楼	三楼	四楼	五楼	六楼
ECI		347425-141	347425-141	591822-212	347425-141	591822-212	591822-212
RSRP(dBm)		-80	-98	-97	-98	-91	-78
SINR(dB)		11	12	6	7	17	18
FTP	上传速率(Mbps)	2.8	1.2	0.9	3.6	5.1	7
	下载速率(Mbps)	5.1	3.5	4.9	1.6	15.9	19.7

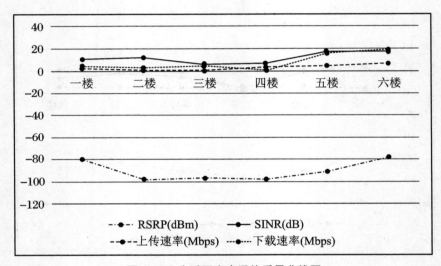

图 15.7 生活区室内通信质量曲线图

 实验扩展

优 化 建 议

通过上述实验结果数据分析,发现室内外办公区和生活区都存在越区覆盖现象,可通过调整工程参数、修改功率参数或者改变天线波瓣宽度来改善越区覆盖。除此之外,生活区还存在着弱覆盖现象。为了实现通信高质量的覆盖,为用户提供更快、更优质的服务，提出以下拓展性优化建议。

1. 网络策略

划分高、中、低频分层网络，提供超大容量。

考虑到频谱资源、无线电波的传播特点和建设网络的成本，采用 c 波段能够满足网络的基本覆盖和容量层，热点地区的业务吸收则以毫米波频谱为基础。

2. MIMO 选择策略

在考虑天线尺寸、技术复杂度以及终端等因素的影响下，选择 MIMO 技术，可以提升边缘速度和系统吞吐量。

3. 方案选用策略

想要完全达到高密度、大带宽、可靠性强、低拖延、大规模连接、定位服务、可视化操作以及智能操作等方面的需要，可采用数字分布式数据库技术。

4. 容量能力设计

高带宽需求的位置和行为模式很难预测，特别是在流量方面，用户和室内区域的带宽需求都会突然增加。所以，考虑室内网络的能力规划时，必须要具有灵活的容量设计能力。

5. 可靠性策略

除了网络可见度、网络管理和系统自愈外，要实现网络高可靠性的基本要求还需要可靠的网络设计，包括覆盖范围重叠、能力冗余、网络备份结构等。

6. 部署战略

经全面大范围、长周期无线信号覆盖测量后，补齐现有基站数量的不足，优化基站的位置。

7. 网络运行和维护策略

建立更加智能化的网络运维平台。为提高维护室内网络业务的效率，以大量历史数据为基础来预测业务变化，并通过能力分配和能源消耗管理战略，利用优化和模式转换对远程参数网络单元或者初始部分模块进行操作，最后进行智能判断，自动输出紧急重要的故障列表，这样既提高了网络运行维护效果，又大大降低了运行维护成本。

实验 16

5G 应急通信空中基站最佳位置
设计仿真实验

实验目的

（1）了解应急通信；
（2）熟悉 MATLAB 编程仿真的方法；
（3）理解基站最佳位置设计的方法和意义。

实验环境

计算机、MATLAB R2019b 软件。

实验原理

1. 应急通信

应急通信是指在出现自然或人为的突发性紧急情况时所进行的通信行为。服务对象：受灾群众、救援/指挥人员。如 2008 年，汶川地震造成了大范围的通信中断和破坏（表 16.1），中国移动：2 300 余基站推迟服务；中国联通：汶川 G、C 两网全部中断；中国电信：四川、甘肃多地本地通信受阻。

表 16.1　2008 年汶川地震导致的通信基础设施受损情况

受损项	四川	甘肃	陕西	合计
移动通信基站受损(个)	10 010	1 078	3 456	14 544
固定无线接入基站受损(个)	11 729	3 318	518	15 565
通信线路受损(皮长千米)	26 550	6 965	2 396	35 911
通信倒断杆数量(根)	153 249	35 089	6 983	195 321
通信局所受损(个)	3 092	462	426	3 981

应急通信传统手段有:海事卫星电话、VSAT(甚小口径天线终端)系统、短波电台、车载程控交换机、卫星通信车、话务分流。

现有应急通信系统存在缺陷:因道路受阻或高危险性,应急通信设备和抢修人员无法及时进入灾区,甚至错失"黄金 72 小时";应急通信车等临时地面基站覆盖范围有限;应急通信终端(如卫星终端)数量有限,只能供部分救援人员使用,而广大受灾群众只拥有普通终端。

2. 基于高空平台的应急通信

高空平台系统(high attitude platform station,HAPS)是借助有关的长停留飞机或飞艇,放入无线基站提供电信服务,多年来一直被视为具有良好潜在应用价值的无线接入工具,可用于 5G 应急通信,如图 16.1 所示。HAPS 系统有以下 3 个方面的优势:

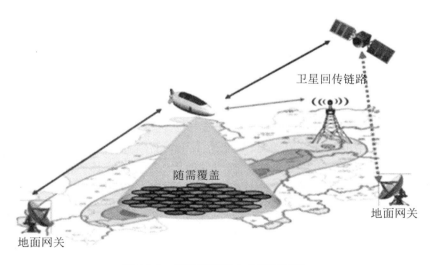

图 16.1　基于高空平台的应急通信

① 由于它处在平流层,所以完美地避开了大气对流运动激烈的中间层以及电磁环境复杂的电离层,复杂多变的天气情况对它不会产生干扰作用;

② 在空中处于工作状态的时间长,能够持续长时间工作,可以承受更多的负载,成本不高,发射风险不大,覆盖面积广,分辨率高,能很好地隐蔽避免被雷达找到,所以更适用于探测和监视;

③ 高空通信平台可以获取比卫星更低的延时和空间的消耗以及更加优质的传输质量。

3. HAPS 对地覆盖

高空平台的高度被确定之后,它的覆盖面积和最小通信仰角成反比。最小通信仰角越大,覆盖区域越小。根据几何关系,给出了直接视觉下平台所覆盖的圆形区域的直径表达式:

$$d = 2R\left[\cos^{-1}\left(\frac{R\cos\alpha}{R+h}\right)\right] - \alpha$$

其中,d 为覆盖面积的直径(km),R 为地球半径(km),α 为仰角(°)。以高度为 22 km 高空平台为例,表 16.2 给出了高空平台覆盖面积、最小通信仰角和最长通信距离的关系。

表 16.2　最小通信仰角、覆盖面积和通信最远距离的关系

最小通信仰角(°)	覆盖面积 ϕ(km)	最远通信距离(km)
0	1056	529
2	702	352
5	420	212
10	336	120
15	160	83
30	76	44

从表 16.2 中的数据可以看出,高度为 22 km 的高空作业平台可以覆盖的最大直径为 1 056 km 的面积。由于地形遮挡的原因,为了保障其通信水平,最小通信仰角应该在 5°左右,这样单个高空作业平台可以覆盖直径为 420 km 的圆形区域。为了覆盖更大的区域,需要多个高空作业平台来形成网络系统。由表 16.2 中的数据也可以得知,不同通信仰角覆盖的面积有所不同,通信距离也不同。也可以看出,HAPS 通信比其他应急通信有更大的优势:覆盖面积大,覆盖半径大,比卫星通信距离地面的时延要小很多。

4.信号衰减、信噪比、信息速率的计算

自由空间损耗是指电磁波在空气中传播时的能量损耗,电磁波穿透任何介质都会有损耗。无线通信信号的自由空间损耗可以表示为

$$L = 10\lg\left(\frac{P_T}{P_R}\right) = 32.5 + 20\lg(f) + 20\lg(d)$$

其中,L 为自由空间损耗(dB),P_T 为发射功率(W),P_R 为接收功率(W),d 为距离(km),f 为频率(MHz)。

香农用信息论理论推导了有限带宽和高斯白噪声干扰下信道的极限、无差错信息传输速率。用户的平均最大信息率可以表示为

$$C = B\log_2\left(1 + \frac{S}{n_0 B}\right)$$

其中,C 为香农容量(b/s),S 为信号平均功率(W),B 为带宽(Hz),n_0 为噪声单边功率谱密度(W/Hz)。

5.MATLAB 高斯分布的随机数产生

randn 函数产生均值为 0,方差为 1 的高斯分布的随机数,使用方法如下:

① x = randn(m);

产生一个 $m \times m$ 的矩阵,所含元素都是均值为 0,方差为 1 的高斯分布的随机数;

② x = randn(m,n);

产生一个 $m \times n$ 的矩阵,所含元素都是均值为 0,方差为 1 的高斯分布的随机数;

③ x = randn;

产生一个均值为 0,方差为 1 的高斯分布的随机数。

 实验内容

实验基本参数如表 16.3 所示。

表 16.3　实验基本参数

基站带宽	60 MHz	用户数	100
单边噪声功率谱密度	10^{-20} W/Hz	基站发射功率	100 W

初始 HAPS 基站及用户坐标:假设只有一个空中 HAPS 基站,相对地面高度为 200 m(一直不变),水平坐标 (x, y) 且可以改变以找到最佳位置;地面用户有 N 个,高度都为 0 m,水平坐标 (x, y) 服从多高斯分布,用户的地面分布区域为

4 000 m×4 000 m。

要求：

（1）设计程序；

（2）画出空中基站与用户分布图；

（3）找出能使地面用户平均信息速率最大的 HAPS 最佳空中位置。

 实验程序

```
clear;
clc;
tic%开始计时,记录整个仿真的时间
B_base = 6 * 10^7;%HAPS 基站带宽,单位 Hz
N = 100;%地面用户数
%基本配置
f = 2 * 10^9;%地面用户使用的频率
P_base = 100;%基站发射功率,单位 W
p_nosi = 10^(-20);%单边噪声功率谱密度,单位 W/Hz
base = [2000,2000,200];%基站初始坐标
Useres_Z = zeros(N/4,1);%地面用户 Y 轴坐标,初始化
%%画出初始 HAPS 基站位置与用户分布图
figure(1);
plot3(base(1),base(2),base(3),'ro','MarkerSize',10)%初始基站分布
hold on
%%产生多高斯用户分布
mu = [0 0];
sigma = [1 0;0 1];
Pu0 = mvnrnd(mu,sigma,N/4);%N/4 用户
cmin = min(Pu0);
cminn = min(cmin);
cmax = max(Pu0);
cmaxx = max(cmax);
Pu0 = Pu0 - cminn;
Pu0 = Pu0 / (cmaxx-cminn);
Pu0 = Pu0.*2000.*rand;%第 1 个 N/4 用户分布(即 x,y 坐标),服从高
斯分布
```

```
plot3(Pu0(:,1),Pu0(:,2),Useres_Z,'k.')
hold on
Pu1 = [Pu0(:,1) + 2000. * rand,Pu0(:,2)];%第 2 个 N/4 用户分布(即 x,y
坐标),服从高斯分布
plot3(Pu1(:,1),Pu1(:,2),Useres_Z,'k.')
hold on
Pu2 = [Pu0(:,1),Pu0(:,2) + 2000. * rand];%第 3 个 N/4 用户分布(即 x,y
坐标),服从高斯分布
plot3(Pu2(:,1),Pu2(:,2),Useres_Z,'k.')
hold on
Pu3 = [Pu0(:,1) + 2000. * rand,Pu0(:,2) + 2000. * rand];%第 4 个 N/4 用
户分布(即 x,y 坐标),服从高斯分布
plot3(Pu3(:,1),Pu3(:,2),Useres_Z,'k.')
title('HAPS 基站与用户初始分布');
xlabel('X 坐标 (单位:m)');
ylabel('Y 坐标 (单位:m)');
legend('HAPS 基站','用户');%图例
xlim([0 4000]);%限制显示区域
ylim([0 4000]);%限制显示区域
zlim([0 200]);%限制显示区域
Pu = [Pu0;Pu1;Pu2;Pu3];%所有用户的(x,y)坐标,第 1 列为 x 坐标,第 2
列为 y 坐标
%根据 N 个用户分布,找出 HAPS 的最佳位置,使得 N 个用户的平均速率
最大
figure(2);
for Base_x = 0:40:4000%HAPS 基站 x 坐标以 40 m 为步长从 0 m 向 4 000 m
移动,高度坐标 Z 不变
    for Base_y = 0:40:4000%HAPS 基站 y 坐标以 40 m 为步长从 0 m 向 4
000 m 移动,高度坐标 Z 不变
        C = 0;%N 个用户最大信息速率总和,初始化
        for i = 1:N%循环计算 N 个用户的最大信息速率
            d = sqrt((Pu(i,1) − Base_x)^2 + (Pu(i,2) − Base_y)^2 + (0 −
200)^2);%计算第 i 个用户与 HAPS 基站的距离
            P_R = P_base/10^((32.5 + 20 * log(f/10^6) + 20 * log(d/10^
3))/10);%计算第 i 个用户接收功率,即有用功率,按自由空间损耗公式计算
            C = C + B_base/N * log2(1 + P_R/(p_nosi * B_base/N));%计
```

算第 i 个用户的最大信息速率,并进行累加

    end

    C_mean = C/N;%计算 N 个用户的最大信息速率平均值

    %寻找 N 个用户的最大信息速率平均值的最大值,并记录最大值时的 HAPS 基站的 (x, y) 坐标

    if Base_x = = 0&&Base_y = = 0

    C_mean_max = C_mean;%信息速率平均值的最大值

    Base_x_max = Base_x;%信息速率平均值取得最大值时,HAPS 基站的 x 坐标

    Base_y_max = Base_y;%信息速率平均值取得最大值时,HAPS 基站的 y 坐标

    else

    if C_mean>C_mean_max

      C_mean_max = C_mean;

      Base_x_max = Base_x;

      Base_y_max = Base_y;

      end

    end

    plot3(Base_x,Base_y,C_mean,'. r')%画出每个 HAPS 位置 (x, y) 下的用户最大信息速率平均值

    hold on

   end

  end

  title('HAPS 不同水平位置下用户平均最大速率');

  xlabel('HAPS 水平位置 X 坐标(单位:m)');

  ylabel('HAPS 水平位置 Y 坐标(单位:m)');

  zlabel('用户最大信息速率(单位:b/s)');

  C_mean_max%打印 N 个用户信息速率平均值的最大值

  Base_x_max%打印 N 个用户信息速率平均值取得最大值时,HAPS 基站的 x 坐标

  Base_y_max%打印 N 个用户信息速率平均值取得最大值时,HAPS 基站的 y 坐标

  toc%计时结束

实验分析

如图 16.2 中的 T_1 时刻和图 16.3 中的 T_2 时刻 HAPS 基站与用户初始分布所示,图中地面上的实心点是用户在当前地理位置上的分布情况,图中圆圈是 HAPS 高空平台基站,地面用户是 100 人,每个用户都是分布在 0～4 000 m 的范围内,符合多高斯分布。从 T_1 时刻与 T_2 时刻仿真图可以看出,地面上的用户是随机出现的,而基站也是随着用户的变化而改变的。

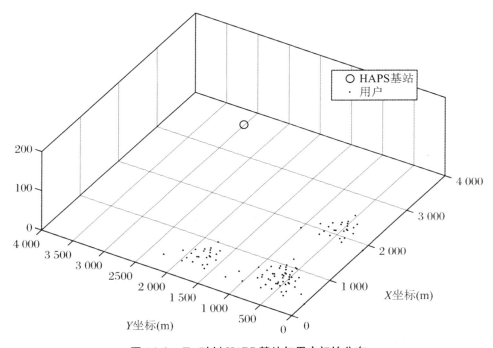

图 16.2　T_1 时刻 HAPS 基站与用户初始分布

如图 16.4 中的 T_1 时刻与图 16.5 中的 T_2 时刻不同水平位置下用户平均最大速率的仿真图所示,HAPS 高空平台在不同水平位置下的用户平均最大速率不同,其中图形最高点对应的就是 HAPS 的空中最佳 x、y 坐标(高度坐标 z 为 200 m 不变),也对应着用户平均最大速率的最大值。图 16.6 为 T_1(左)与 T_2(右)时刻 HAPS 的最佳位置及对应的用户平均最大速率。由 T_1 时刻与 T_2 时刻的 HAPS 不同水平位置下用户平均最大速率可以看出,HAPS 的最佳位置随地面用户分布变化而变化。应急通信中,地面用户会不断移动迁徙,空中基站的位置也应随之优化。

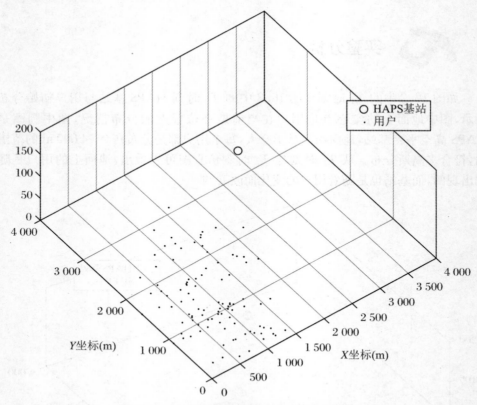

图 16.3　T_2 时刻 HAPS 基站与用户初始分布

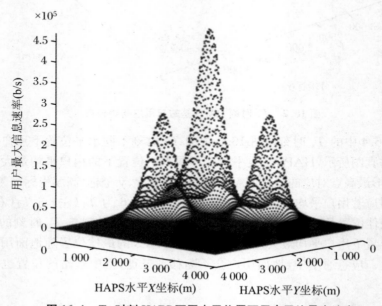

图 16.4　T_1 时刻 HAPS 不同水平位置下用户平均最大速率

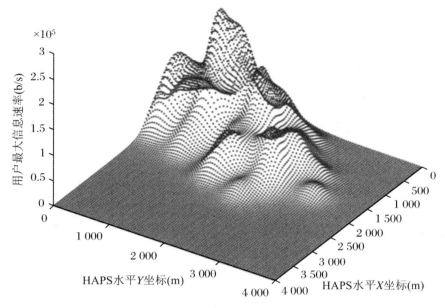

图 16.5　T_2 时刻 HAPS 不同水平位置下用户平均最大速率

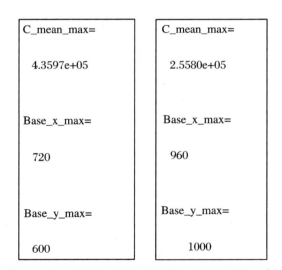

图 16.6　T_1(左)与 T_2(右)时刻 HAPS 的最佳位置及对应的用户平均最大速率

实验扩展

5G 地面基站最佳位置设计

上述实验面向的是应急通信场景,但 5G 一般通信场景的地面基站最佳位置设计也是类似的方法。假设,5G 一般通信场景的实验基本参数如表 16.4 所示。5G 基站高度为 5 m(一直不变),地面用户有 N 个,高度都为 0 m,水平坐标(x,y)服从多高斯分布,分布区域为 400 m×400 m(图 16.7)。

表 16.4　实验基本参数

基站带宽	40 MHz	用户数	40
单边噪声功率谱密度	10^{-20} W/Hz	基站发射功率	20 W

获得 5G 基站最佳位置(64,68),用户平均最大速率为 6.6523 Mbps(图 16.8)。

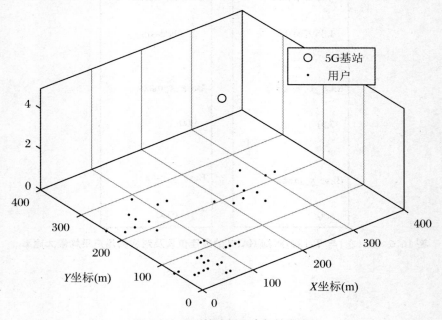

图 16.7　5G 基站与用户初始分布

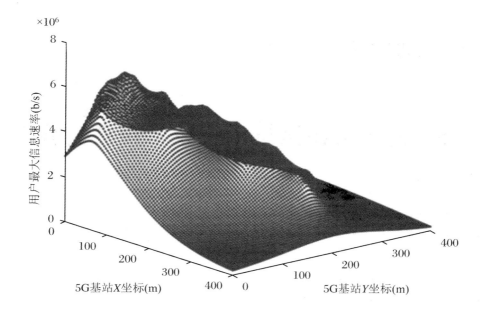

图 16.8　5G 基站不同水平位置下用户平均最大速率

实验 17

5G 无定形小区抗干扰技术仿真实验

实验目的

(1) 了解无定形小区的概念；

(2) 了解常见抗干扰方法；

(3) 掌握软频率复用技术；

(4) 理解自适应编码方法；

(5) 掌握 MATLAB 仿真分析抗干扰性能方法。

实验环境

计算机、MATLAB R2019b 软件。

实验原理

1. 无定形小区

在 5G 通信中，为了更好地改善盲区覆盖和增强热点区域容量，业界提出了一种具有无线回传链路的低功率运动节点（LPN，Low Power Node）与固定基站（eNB，evolved Node B）混合组网构成的一种时间、位置和形状均可动态变化的小区，即无定形小区。无定形小区的服务方式和服务面积均可随时间变化，因此可以改善覆盖和增强区域容量，并起到节能减排的作用。

图 17.1 所示为无定形小区示意图，在时刻 1，移动 LPN1 和移动 LPN2 共同为用户 UE1（User Equipment）提供服务；移动 LPN3 单独为用户 UE2 提供服务；移

动 LPN4 和固定基站 eNB 共同为用户 UE4 提供服务。由于移动低功率节点以低速游牧方式移动,在时刻 2 时,移动 LPN1 和移动 LPN4 的位置均发生了改变。此时,移动 LPN2 单独为 UE1 提供服务,而 LPN3 和 LPN4 共同为用户 UE2 提供服务,用户 UE4 只由 eNB 单独进行服务。这种固定基站与移动 LNP 动态为用户提供服务的方式是无定形小区的一大特点。

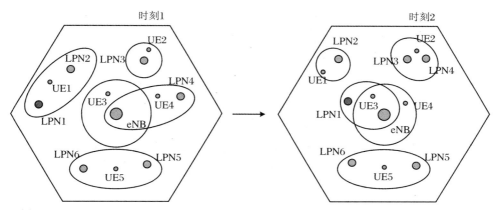

图 17.1　无定形小区示意图

无定形小区主要有以下两种应用情形:

(1) 节点低速游牧式移动

根据网络的实际业务需求,无定形节点可灵活地部署在热点或盲点地区,并通过自激活/去激活调整网络的拓扑结构,改善网络覆盖(图 17.2)。

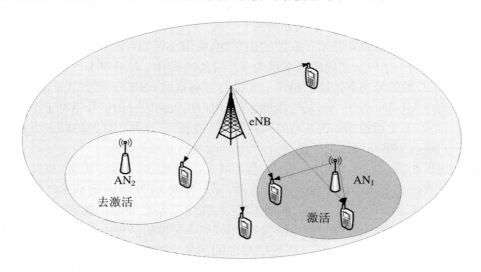

图 17.2　节点低速游牧式移动

（2）节点车载式低速移动

此时车载无定形节点随车游走,可根据沿途业务量变化进行无定形节点的激活状态转换（图 17.3）。

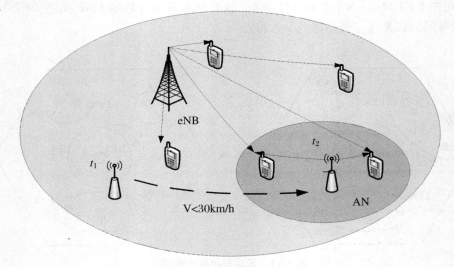

图 17.3　节点车载式低速移动

2. 小区干扰分析

5G 同样采用了 OFDM（Orthogonal Frequency Division Multiplexing）技术。OFDM 技术在保证小区内用户相互正交的同时无法避免小区间用户的干扰。例如,两个用户 U1,U2 分别位于相邻的两个小区,并由各自小区的基站 eNB1、eNB2 进行服务。由于 OFDM 技术子载波的正交性,两个小区均可利用系统所有频段,则有可能这两个用户所使用的频率都为 f。当基站 eNB1 对用户 U1 发送下行信号时,该信号的信号功率传播到相邻小区将会影响基站 eNB2 对用户 U2 的服务。尤其当用户 U1,U2 处于小区的边缘地区时,用户接收到的有用信号相对于小区中心用户较弱,而受到相邻小区基站的同频信号干扰较强,这种小区间的同频干扰将会使用户接收到的信噪比低于预期值,严重影响基站的服务质量。

无定形小区具有较大的小区交叠,且形状不断变化,这带来了更大、更复杂的小区间干扰。无定形小区中的干扰分为两部分:移动 LPN 与固定基站之间的干扰;移动 LPN 之间的干扰。对于移动 LPN 与固定基站之间的干扰,由于阴影衰落、路径损耗等无线电传播过程中的损耗,不同频率资源的信号由固定基站发送到达用户时有不同程度的衰落,一些频率资源的信号衰落较大,到达用户时功率较低,对移动 LPN 用户的干扰较小,因此这些频率资源可以被移动 LPN 复用。

3. 抗干扰技术

针对小区干扰问题,业界提出了 3 种小区间干扰抑制技术:

① 小区间干扰随机化技术;

② 小区间干扰消除技术;

③ 小区间干扰协调技术。

干扰随机化是将干扰信号随机化为近似白噪声,从而在终端处通过处理增益的方法对干扰进行抑制。小区间干扰消除技术是将来自干扰小区中的干扰信号进行一定程度的解调和解码,然后在接收信号时利用接收机的处理增益消除其中的干扰信号成分。而小区间干扰协调技术则是在频率资源分配或功率上进行一定的限制,从而协调多个小区,避免产生严重的小区间干扰,进而改善小区边缘用户的通信质量。

小区间干扰协调技术大多是针对下行链路资源进行一定的管理,本书后续也将采用小区间干扰协调中的一种方法研究小区下行链路的吞吐量问题。小区间干扰协调技术中较为常用的有以下几种方案:华为的软频率复用(SFR, Soft Frequency Reuse)提案;西门子的部分频率复用提案;爱立信的干扰协调技术提案;LG 的干扰协调技术提案。本实验采用华为的软频率复用技术。

与传统频率复用技术的不同之处在于,在 SFR 技术中(图 17.4),某个频率在某个小区中用发射功率门限来判定该频率在多大程度上被使用,即通过调节"功率比"可以使系统的等效频率复用因子在 $1 \sim N$ 间平滑过渡。软频率复用方案的特点是在小区中心区域频率复用因子为 1,靠近小区边缘的外环区域使用大于 1 的频率复用因子。相邻小区边缘用户使用相互正交的频段,从而降低了小区间同频干扰的问题。在 SFR 方案中,每个小区的子载波被分成了两组,一组称为主子载波,另一组称为辅子载波。对每组子载波都设定了一个最大允许传输功率,通常,主子载波所允许的发射功率要比辅子载波允许的功率高。每个子载波上的传输功率不得超过最大允许传输功率。主子载波可以在小区的任何区域使用,但辅子载波只能在小区中心区域使用。主子载波在相邻的小区是正交的(也就是无重叠)。所谓的"功率比"是指辅子载波与主子载波传输功率限制之比。从 $0 \sim 1$ 逐渐调节功率比,相应的频率复用因子则从 $3 \sim 1$ 平滑变化。因此,SFR 是 1 复用和 3 复用的折衷。通过调节功率比,SFR 方案可以适应每个小区服务分配的变化。当小区边缘的业务量较大时,将功率比设定为一个相对较小的值以获得更高的小区边缘比特率。相反,当业务主要集中在小区中心部分时,将功率比设为一个相对较大的值更为合理。

除了功率比,在 SFR 方案中另一个调节因子是"半径比",即小区中心区域半径与小区边缘区域半径之比。在 SFR 方案中,将每个小区的用户分为小区中心用户(CCU, Cell Center User)和小区边缘用户(CEU, Cell Edge User)。处于小区中心区域的用户即为 CCU,处于小区边缘区域的用户即为 CEU。小区中心用户可以使用相同的频带与固定基站通信,小区边缘用户则采用相互正交的子频带与各自固定基站通信,以避免干扰。通过改变半径比,可以调节小区中心用户数和小区边缘用户数,即改变使用主子载波与辅子载波的用户数,达到协调的效果。在界定 CEU 和 CCU 时,除了上述几何的界定方法外,还可采用功率的界定方法,即用户所接收到的本小区基站的有用功率和其他小区基站的干扰功率的比值小于某一门限值时,为 CEU,反之则为 CCU。在本实验中采用几何的方法界定 CCU 和 CEU。

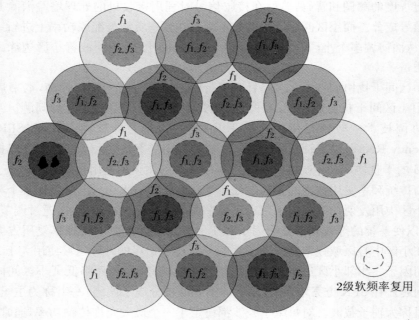

图 17.4　软频率复用原理

 实验内容

运用软频率复用技术抑制无定形小区的同频干扰,提高小区用户的信息速率。
(1) 给出组网策略,仿真模拟实际基站用户部署场景;
(2) 给出无定形小区场景下软频率复用技术的工作流程;
(3) 干扰分析与吞吐量计算;
(4) 编程仿真分析软频率复用的抗干扰性能。

实验步骤

1. 组网策略与场景部署

无定形小区中的移动 LPN 与固定基站可以有以下两种组网方式：

（1）同频组网

即移动 LPN 与固定基站使用相同的频率为用户提供服务。该种组网方式可以增加用户容量，但干扰更大，用户会同时受到其他移动 LPN 和固定基站的干扰。

（2）异频组网

由于移动 LPN 与固定基站使用不同的频率为用户提供服务，该种组网方式干扰较小。但异频组网方式损失了一些带宽，用户容量相对较小。为了减小移动 LPN 与固定基站之间的干扰，本实验采用固定基站与移动 LPN 异频组网。

图 17.5 为本实验设定的无定形小区场景，小区基站间距离为 1 000 m，移动 LPN 覆盖半径为 100 m。固定基站和移动 LPN 共同为用户提供服务，其中固定基

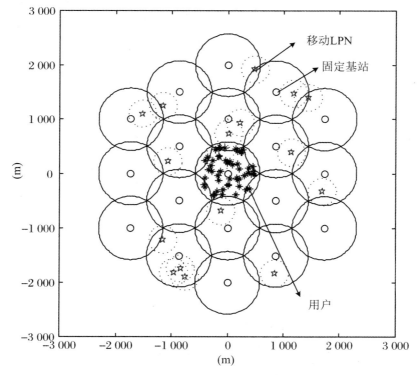

图 17.5　面向无定形小区的 SFR 方案部署场景

站提供基础覆盖,移动 LPN 提供热点或盲区覆盖。移动 LPN 以游牧式移动来为具有潮汐移动规则的用户群提供服务。移动 LPN 频谱资源由与其距离最近的固定基站分配,移动 LPN 跨区运动时需要进行切换操作。假定,在某一时刻,移动 LPN 服从泊松分布,参考小区中用户服从均匀分布。移动 LPN 与固定基站构成无定形小区。固定基站与移动 LPN 异频组网,这样可以消除移动 LPN 与所属的固定基站之间的同频干扰。无定形小区采用 SFR,以减弱或消除固定基站之间的干扰。

2. 软频率复用技术的工作流程

如图 17.6 所示,软频率复用方案按如下 9 个步骤实现:

① 设定小区中固定基站和用户的位置;

② 根据移动 LPN 个数设定 LPN 基站的位置和服务半径,其中移动 LPN 服从泊松分布,可设置作为对比的传统蜂窝小区 LPN 个数为 0;

③ 根据设定的"半径比"和以上设定的位置信息计算小区中心用户,小区边缘用户和 LPN 用户的个数,若移动 LPN 个数为 0,则只计算小区中心用户和小区边缘用户的个数;

④ 为各部分用户分配相应的资源块数,同小区不同用户使用不同频率避免小区内用户间干扰,各个小区边缘用户使用正交的频带避免或减少了小区间干扰;

⑤ 根据设定的"功率比"计算固定基站向小区边缘用户和小区中心用户发射信号的有用功率,不同的"功率比"代表了不同频率的使用程度,体现了软频率复用的核心思想;

⑥ 计算每个用户到为其提供服务基站的距离并计算出路径损耗,从而计算出用户接收到的有用信号功率;LPN 用户计算距离其最近的移动 LPN 基站的距离,小区中心用户和小区边缘用户计算到固定基站的距离;

⑦ 计算累加干扰信号功率,针对每一类型的用户采用相应的计算方法计算其受到的自其他基站的累加干扰信号;

⑧ 计算信干噪比(SINR,Signal to Interference plus Noise Ratio),根据用户接收到的有用信号功率、累加干扰信号功率和噪声信号功率,计算出相应的 SINR;

⑨ 计算各类型用户的平均下行速率和平均中断概率,根据计算出的 SINR 先判断各用户是否中断,统计中断用户的个数,计算出平均中断概率;若用户没有中断,则根据 SINR 采用自适应调制编码的方式计算用户的下行速率。

3. 干扰分析与吞吐量计算

根据用户所处的位置将用户划分为 3 种类型:

① 处于移动 LPN 覆盖范围内的用户称为 LPN 用户;

② 在移动 LPN 覆盖范围之外并处于小区中心区域的用户称为小区中心

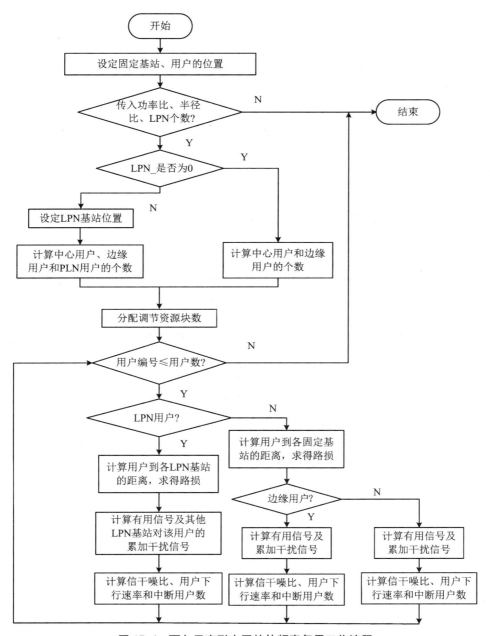

图 17.6　面向无定形小区的软频率复用工作流程

用户；

③ 在移动 LPN 覆盖范围之外并处于小区边缘区域的用户称为小区边缘用户。

小区中心区域与小区边缘区域的划分是由上述调节因子"半径比"所决定的。

在上述场景中,通过调节"半径比"可以改变小区中心用户和小区边缘用户的数目,在实际应用中可以根据小区中心用户的分布和集中程度来设定"半径比",从而调节各部分用户数,达到资源利用的最大化。

将整个频带划分为 4 组子频带,如图 17.7 所示,其中 f_1,f_2,f_3 具有相同的子载波数。由于小区边缘用户使用的是预先分配好的频段进行数据传输,固定基站在向小区边缘用户发射信号时可以使用全功率发射。而中心用户所使用的频段的发射功率会受到一定限制,来控制该段频率在多大程度上被使用,以实现频率复用因子调节,从而实现软频率复用。移动 LPN 用户单独使用 f_4 频段实现了移动 LPN 与固定基站的异频组网方式。

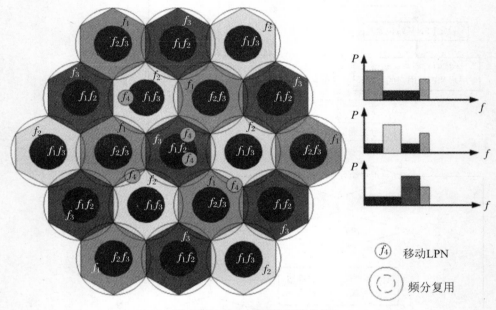

图 17.7　小区各部分频率分配

由于小区不同区域用户使用的子载波数目不同,受到的同频信号的干扰也不同。如某一用户 U 处于参考小区的中心区域,则该小区的固定基站可使用 f_1 或 f_2 频段为该用户提供服务(假设选择 f_1 频段),如果周围小区的固定基站为用户提供服务时也采用 f_1 频段发射信号,则会对用户 U 产生同频干扰。由图 17.7 分析可知,周围 6 个小区的中心区域使用了 f_1 频段的概率为 1/2,边缘区域使用 f_1 的概率也为 1/2;而对于外围 12 个小区来说,小区中心区域使用 f_1 的概率为 3/4,边缘区域使用 f_1 的概率为 1/4。

由于不同的调制编码方式会直接影响小区用户的吞吐量,在计算吞吐量前,本实验选择采用自适应调制编码,根据用户不同的 SINR 来确定用户所使用的调制编码方式。吞吐量 C 的计算公式如下:

$$C = \frac{7 \times 12 \times n \times r}{T} (\text{kbps})$$

其中，n 为调制阶数；r 代表码率，是每一个子载波所传输的比特数；T 代表时域资源即 1 个时隙，时间为 0.5 ms。

 实验程序

通过 MATLAB 仿真，对比分析无定形小区的软频率复用方案与之前传统频率复用和引入移动 LPN 的传统频率复用相比的优缺点。分别调整两个调节因子："功率比"和"半径比"，单独分析两个调节因子对用户下行速率和用户中断概率的影响，然后针对设定的场景分析筛选出较优的调节因子配比。仿真参数如表 17.1 所示。

表 17.1　仿真参数设置

参数	数值
系统带宽	20 MHz
小区数	19
固定基站间距	1 000 m
移动 LPN 数	17
移动 LPN 半径	100 m
阴影衰落标准差	6 dB
路径损耗	$L = 128.1 + 37.6\lg(R)$
噪声功率	-120 dB
固定基站的发射功率	43 dBm
移动 LPN 的发射功率	25 dBm
基站天线增益	15 dBi
调制编码方式	自适应调制编码

实验程序主要有：

① 中心半径占小区半径比固定，中心/边缘功率比变化时性能仿真程序；

② 中心/边缘功率比固定，中心半径占小区半径比变化时性能仿真程序；

③ 软频率复用函数程序等。

由于程序过长，这里只给出程序①，其他程序可自行以软频率复用原理编程并仿照程序①实现或联系笔者邮箱索取。

%程序可获取全小区用户平均中断概率和下行信息速率 downlink bitrate、小

区边缘用户平均中断概率和下行信息速率,小区中心用户平均中断概率和下行信息速率并画出了对比图

```
clear;
user_num = 50;
lpn_number = 17;
%SFR 变化因子初始化
center_ratio_set = 0.65;
x_power_ratio_set = zeros(50,1);
%全小区用户平均中断概率
p_user_out = zeros(50,1);
%全小区用户平均吞吐量
peruser_throughtoutput = zeros(50,1);
%小区边缘用户平均中断概率
edge_p_user_out = zeros(50,1);
%小区边缘用户平均下行速率
edge_peruser_throughtoutput = zeros(50,1);
%小区中心用户平均下行速率
center_peruser_throughtoutput = zeros(50,1);
%小区中心用户平均中断概率
center_p_user_out = zeros(50,1);
for i = 1:50
    j = i * 2;
    x_power_ratio_set(i) = j/100; [p_user_out(i),peruser_throughtoutput
(i),edge_p_user_out(i),edge_peruser_throughtoutput(i),center_p_user_out(i),
center_peruser_throughtoutput(i)] = sfr(center_ratio_set,x_power_ratio_set
(i),lpn_number,user_num);
end
[nosfr_p_user_out,nosfr_peruser_throughtoutput,edge_nosfr_p_user_out,
edge_nosfr_peruser_throughtoutput,center_nosfr_p_user_out,center_nosfr_pe-
ruser_throughtoutput] = sfr(center_ratio_set,1,lpn_number,user_num);%不采
用 sfr,只采用 lpn
[nosfr_nolpn_p_user_out,nosfr_nolpn_peruser_throughtoutput,edge_nosfr
_nolpn_p_user_out,edge_nosfr_nolpn_peruser_throughtoutput,center_nosfr_
nolpn_p_user_out,center_nosfr_nolpn_peruser_throughtoutput] = sfr(center_ra-
tio_set,1,0,user_num);%不采用 sfr 和 lpn
figure(1)
```

```
title('小区中心用户,边缘用户,全小区用户平均中断概率对比图')
subplot(1,2,1);
plot(x_power_ratio_set,p_user_out,'g * -')
hold on
plot(x_power_ratio_set,edge_p_user_out,'b> -')
hold on
plot(x_power_ratio_set,center_p_user_out,'rd -')
legend('cell - SFR - LPN','edge - SFR - LPN','center - SFR - LPN')
xlabel('内外环功率比')
ylabel('中断率')
% title('小区中心用户,边缘用户,全小区用户平均中断概率对比图')
set(gcf,'position',[0,0,800,400])
subplot(1,2,2);
shuju = [nosfr_nolpn_p_user_out nosfr_p_user_out ;
    edge_nosfr_nolpn_p_user_out edge_nosfr_p_user_out ;
    center_nosfr_nolpn_p_user_out center_nosfr_p_user_out ];
bar(shuju);
set(gca,'XTickLabel',{'cell','edge','center'})
set(gcf,'position',[0,0,800,400])
legend('UFR','UFR - LPN')
xlabel('内外环功率比')
%%用户平均下行速率
figure(2)
subplot(1,2,1);
plot(x_power_ratio_set,peruser_throughtoutput,'g * -')
hold on
plot(x_power_ratio_set,edge_peruser_throughtoutput,'b> -')
hold on
plot(x_power_ratio_set,center_peruser_throughtoutput,'rd -')
legend('cell - SFR - LPN','edge - SFR - LPN','center - SFR - LPN')
xlabel('内外环功率比')
ylabel('下行速率(Mbps)')
% title('小区中心用户,边缘用户,全小区用户下行速率对比图')
subplot(1,2,2);
shuju = [ nosfr _ nolpn _ peruser _ throughtoutput  nosfr _ peruser _
throughtoutput ;
```

edge _ nosfr _ nolpn _ peruser _ throughtoutput edge _ nosfr _ peruser _
throughtoutput ;

center _ nosfr _ nolpn _ peruser _ throughtoutput center _ nosfr _ peruser _
throughtoutput] ；

bar(shuju);

set(gca,′XTickLabel′,{′cell′,′edge′,′center′})

% ylim([0 11])%控制 X 轴的范围

set(gcf,′position′,[0,0,800,400])

legend(′UFR′,′UFR－LPN′)

 ## 实验分析

1. 功率比对用户服务质量的影响

图 17.8 和图 17.9 分别为"半径比"为 0.65 时，小区中心用户、小区边缘用户和全小区用户平均下行信息速率和中断概率随"功率比"变化的仿真曲线，图中 cell-SFR-LPN、edge-SFR-LPN 和 center-SFR-LPN 分别代表全小区用户、小区边

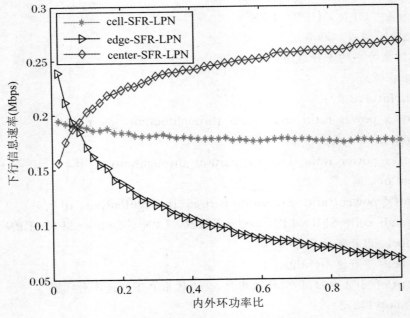

图 17.8 用户平均下行信息速率

缘用户和小区中心用户。由图 17.8 可知,随着"功率比"的增加,小区中心用户平均下行信息速率逐渐增大;小区边缘用户平均下行信息速率逐渐减小;全小区用户平均下行信息速率维持在 0.2 Mbps 附近波动,基本保持不变。

由图 17.9 可知,随着"功率比"的增加,小区中心用户平均中断概率有下降的趋势;小区边缘用户平均中断概率有上升的趋势;全小区用户平均中断概率在 0.06 附近波动,基本保持不变。实际应用中,在一定的"半径比"条件下,如果小区边缘的业务量较大,或者小区边缘用户对服务质量的要求较高时,可以采用较小的"功率比"来提升边缘用户的性能;如果小区中心区域业务较为集中,则应采用较大的"功率比"来保证小区中心用户的服务质量。

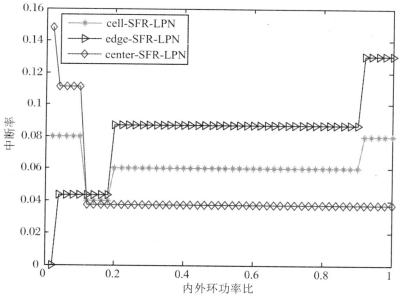

图 17.9　用户平均中断概率

2. 半径比对用户服务质量的影响

图 17.10 所示为固定"功率比"0.45 时小区中心用户、小区边缘用户和全小区用户平均下行速率随"半径比"变化的仿真曲线。在"半径比"过大或过小时,会造成小区边缘区域或小区中心区域没有用户,因此仿真曲线的横轴从 0.5 开始仿真。随着"半径比"增加,小区中心用户平均下行信息速率逐渐减小。对于边缘用户来说,"半径比"越小,内环边缘用户有用功率越大,干扰功率越小,下行信息速率越高,因此在理论上,随着"半径比"的增加,小区边缘用户平均下行信息速率也应该逐渐减少,仿真图中小区边缘用户平均下行信息速率随"半径比"变化的整体趋势是降低的,但是在"半径比"大于 0.85 时,小区边缘用户平均下行信息速率有增大的趋势。

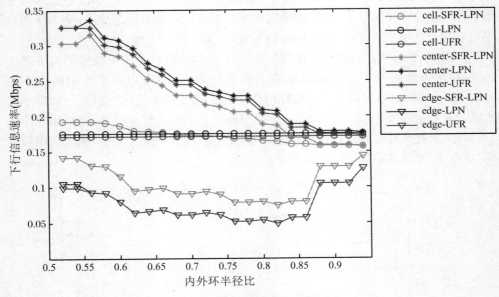

图 17.10　用户平均下行信息速率

由图 17.11 和图 17.12 可知,随着"半径比"的增加,小区中心用户和边缘用户的平均中断概率逐渐增大,全小区用户平均下行速率维持在 0.08。SFR 方案降低了小区边缘用户的中断概率,但是在"半径比"大于 0.7 时,对小区中心用户的服务质量有一定损害。

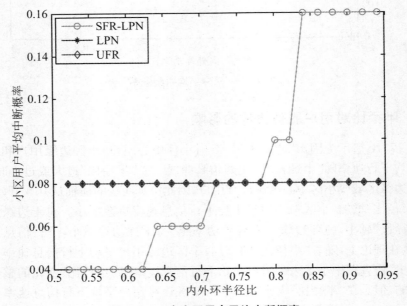

图 17.11　全小区用户平均中断概率

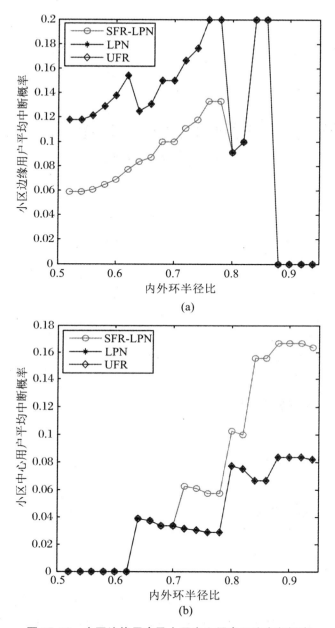

(a)

(b)

图 17.12 小区边缘用户及小区中心用户平均中断概率

实验 18

5G 物联网功率控制与汇聚节点高度
设计仿真实验

实验目的

(1) 了解物联网的概念;
(2) 理解自适应功率控制技术;
(3) 理解物联网汇聚节点高度设计方法;
(4) 掌握 MATLAB 仿真分析物联网通信方法。

实验环境

计算机、MATLAB R2019b 软件。

实验原理

1. 物联网

物联网(Internet of Things),即物-物相联的互联网,主要内涵是利用互联网将多种物体联系起来,能够实现智能化的数据融合管理,通过网络对物体进行实时监控,有效实现人与物、物与物的信息沟通和共享。物联网具有 4 层结构,如图 18.1所示。

感知识别层位于物联网 4 层结构模型的最底端,是所有上层结构的基础,通过感知识别技术,让物品"开口说话、发布信息"是融合物理世界和信息世界的重要一环,是物联网区别于其他网络的最独特的部分。网络构建层在物联网 4 层结构模

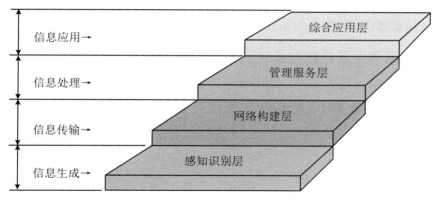

图 18.1　物联网四层结构

型中连接感知识别层和管理服务层,具有强大的纽带作用,高效、稳定、及时、安全地传输上下层的数据。管理服务层是物联网智慧的源泉,解决数据如何存储、如何检索、如何使用、如何不被滥用等问题。物联网综合应用层以"物"或者物理世界为中心,涵盖智能交通、智能物流、智能建筑、环境监测等。

2. 物联网自适应功率控制与汇聚节点高度

物联网中,当发射节点的发射功率增加时,接收节点收到的有用功率会增加,干扰功率也会增加,然而信干比不一定会提高。所以不是功率越大越好,也不是功率越小越好,需要找到一个最佳点,最佳点需要能自适应功率控制,即根据物联网状态进行自适应的调整节点发射功率,以获得整个网络的最佳通信性能。

在面向物联网的无线传感器网络的各种各样的应用场景下,无线信道具有不同的传播特性。一些关键参数的选择和环境因素都会影响实际无线信道的性能。在信道建模的过程中,不仅要考虑水平距离的因素,还需要考虑收发天线高度差、传播路径中的障碍物等对信号强度的影响。物联网应用中,汇聚节点的高度直接影响普通节点与汇聚节点之间的信道特性,制约着整个网络的通信性能,因此建设物联网时需要设计汇聚节点的最佳高度。

 实验内容

1. 功率自适应控制

运用自适应功率控制技术,即根据物联网状态进行自适应的调整节点发射功率,以达到最佳通信性能:

① 仿真模拟物联网部署场景;

② 仿真分析自适应功率控制下的物联网通信性能；
③ 获取最佳节点发射功率。

2. 汇聚节点最佳高度设计

以通信性能最佳为标准，设计汇聚节点的最佳高度：
① 仿真模拟物联网部署场景；
② 仿真分析不同汇聚节点高度下的物联网通信性能；
③ 获取汇聚节点的最佳高度。

 实验程序

功率自适应控制程序，其工作流程如图 18.2 所示。

```
clear;
clc;
%% 基本配置
B_base = 10^7;%传感器带宽,单位 Hz
N = 50;%传感器数
%汇聚节点及传感器坐标
base = [250,250];%汇聚节点坐标,固定
Useres_X = zeros(N,1);%传感器 X 轴坐标,初始化
Useres_Y = zeros(N,1);%传感器 Y 轴坐标,初始化

%% 1)画出汇聚节点与传感器分布图 500m * 500m
figure(1);
plot(base(1),base(2),'rp')%汇聚节点分布
hold on
i = 1;
while(1)
    useres_x = 500 * rand;%传感器 x 坐标,均匀分布
    useres_y = 500 * rand;%传感器 y 坐标,均匀分布
    if sqrt((useres_x - base(1))^2 + (useres_y - base(2))^2)~ = 0%判断传
感器位置是否在汇聚节点覆盖半径内,判断传感器位置是否和汇聚节点位置重合
        plot(useres_x,useres_y,'k.')%画出传感器点
        hold on
        Useres_X(i) = useres_x;%传感器 X 轴坐标
```

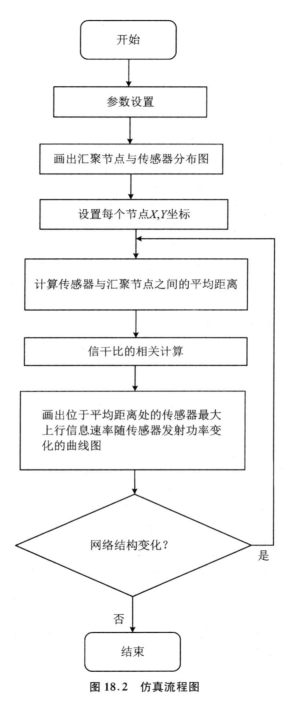

图 18.2　仿真流程图

Useres_Y(i) = useres_y;%传感器 Y 轴坐标
i = i + 1;

```
        end
        if i = = N+1%保证不超过 N 个有效传感器
            break;
        end
    end
    title('汇聚节点与传感器空间分布');
    xlabel('X 坐标（单位:m)');
    ylabel('Y 坐标（单位:m)');
    legend('汇聚节点','传感器');%图例
    %% 2)计算传感器与汇聚节点之间的平均距离
    d_sum = 0;%所有传感器与汇聚节点间距离的总和,初始化
    for j = 1:N
        d_sum = d_sum + sqrt((Useres_X(j) − base(1))^2 + (Useres_Y(j) − base
(2))^2);%计算某传感器与汇聚节点之间的距离
    end
    d_mean = d_sum/N;%平均距离
    %% 3)画出位于平均距离处的传感器最大上行信息速率随传感器发射功率
变化的曲线图
    figure(2);
    P = 1:1:30;%传感器发射功率在区间[1, 30]变化,单位为 W,作为画图 X 轴
变量
    f_1 = 2.4 * 10^9;%使用频率为 2.4 GHz
    C_1 = zeros(30,1);%用户最大信息速率,初始化
    f_2 = 5 * 10^9;%使用频率为 5 GHz
    C_2 = zeros(30,1);%用户最大信息速率,初始化
    f_3 = 10 * 10^9;%使用频率为 10 GHz
    C_3 = zeros(30,1);%用户最大信息速率,初始化
    for p = 1:30%传感器发射功率在区间[1, 30]变化,单位为 W
        P_R_1 = p/10^((32.5 + 20 * log(f_1/10^6) + 20 * log(d_mean/10^3))/
10);%汇聚节点接收功率,有用功率
        P_R_2 = p/10^((32.5 + 20 * log(f_2/10^6) + 20 * log(d_mean/10^3))/
10);%汇聚节点接收功率,有用功率
        P_R_3 = p/10^((32.5 + 20 * log(f_3/10^6) + 20 * log(d_mean/10^3))/
10);%汇聚节点接收功率,有用功率
        I_sum_1 = 0;%总干扰
        I_sum_2 = 0;%总干扰
```

```
      I_sum_3 = 0;%总干扰
      for n = 1:N
        d = sqrt((Useres_X(n) − base(1))^2 + (Useres_Y(n) − base(2))^
2);%计算某传感器与汇聚节点之间的距离
          probability = rand;
          I_sum_1 = I_sum_1 + p/10^((32.5 + 20 * log(f_1/10^6) + 20 * log
(d/10^3))/10) * probability;%每个传感器节点此时是否发送信息随机出现
          I_sum_2 = I_sum_1 + p/10^((32.5 + 20 * log(f_2/10^6) + 20 * log
(d/10^3))/10) * probability;%每个传感器节点此时是否发送信息随机出现
          I_sum_3 = I_sum_1 + p/10^((32.5 + 20 * log(f_3/10^6) + 20 * log
(d/10^3))/10) * probability;%每个传感器节点此时是否发送信息随机出现
      end
      C_1(p) = B_base * log2(1 + P_R_1/I_sum_1);%某传感器发射功率下的
传感器最大上行信息速率
      C_2(p) = B_base * log2(1 + P_R_2/I_sum_2);%某传感器发射功率下的
传感器最大上行信息速率
      C_3(p) = B_base * log2(1 + P_R_3/I_sum_3);%某传感器发射功率下的
传感器最大上行信息速率
    end
    %f = 2.4 GHz
    plot(P,C_1,'r');
    title('最大上行信息速率随发射功率变化的曲线图,2.4 GHz');
    xlabel('传感器发射功率（单位:W）');
    ylabel('用户最大上行信息速率（单位:b/s）');
    %f = 5 GHz
    figure(3);
    plot(P,C_2,'r');
    title('最大上行信息速率随发射功率变化的曲线图,f = 5 GHz');
    xlabel('传感器发射功率（单位:W）');
    ylabel('用户最大上行信息速率（单位:b/s）');
    %f = 10GHz
    figure(4);
    plot(P,C_3,'r');
    title('最大上行信息速率随发射功率变化的曲线图,f = 10 GHz');
    xlabel('传感器发射功率（单位:W）');
    ylabel('用户最大上行信息速率（单位:b/s）');
```

汇聚节点最佳高度设计程序如下:

```
clear;
clc;
tic%开始计时,记录整个仿真的时间
B_base = 2 * 10^7;%汇聚节点带宽,单位 Hz
N = 40;%传感器节点数目
%基本配置
f = 2.4 * 10^9;%使用的频率
P_base = 20;%汇聚节点发射功率,单位 W
p_nosi = 10^( - 19);%单边噪声功率谱密度,单位 W/Hz
H = 3;%汇聚节点最大高度,单位 m
base = [200,200,H];%基站初始坐标,水平位置固定,最佳高度待求
Useres_Z = zeros(N/4,4);%传感器节点高度初始化,分为 4 组,每组为 1 列,方便后续传感器位置服从多高斯分布的设置
Useres_ZZ = zeros(N,1);%传感器节点高度初始化,不分组
for i = 1:N
    if i< = N/4%第 1 组传感器节点
        Useres_Z(i,1) = 2 * rand;%传感器节点高度随机生成,高度范围 [0,2]m

        Useres_ZZ(i) = Useres_Z(i,1);
    else
        if   i< = N/2%第 2 组传感器节点
            Useres_Z(i - N/4,2) = 2 * rand;
            Useres_ZZ(i) = Useres_Z(i - N/4,2);
        else
            if i< = N * 3/4%第 3 组传感器节点
                Useres_Z(i - N/2,3) = 2 * rand;
                Useres_ZZ(i) = Useres_Z(i - N/2,3);
            else%第 4 组传感器节点
                Useres_Z(i - N * 3/4,4) = 2 * rand;
                Useres_ZZ(i) = Useres_Z(i - N * 3/4,4);
            end
        end
    end
end
        %%画出汇聚节点与传感器节点分布图
```

```
figure(1);
plot3(base(1),base(2),base(3),'ro','MarkerSize',10)%初始汇聚
节点分布

hold on


%%产生多高斯传感器节点分布
mu = [0 0];
sigma = [1 0;0 1];
Pu0 = mvnrnd(mu,sigma,N/4);%N/4 传感器节点
cmin  =  min(Pu0);
cminn  =  min(cmin);
cmax  =  max(Pu0);
cmaxx  =  max(cmax);
Pu0  =  Pu0 − cminn;
Pu0  =  Pu0 / (cmaxx − cminn);
Pu0  =  Pu0. ∗ 200. ∗ rand;%第 1 个 N/4 传感器节点分布(即 x,y
坐标),服从高斯分布
plot3(Pu0(:,1),Pu0(:,2),Useres_Z(:,1),'k.')
hold on


Pu1 = [Pu0(:,1) + 200. ∗ rand,Pu0(:,2)];%第 2 个 N/4 传感器节
点分布(即 x,y 坐标),服从高斯分布
plot3(Pu1(:,1),Pu1(:,2),Useres_Z(:,2),'k.')
hold on


Pu2 = [Pu0(:,1),Pu0(:,2) + 200. ∗ rand];%第 3 个 N/4 传感器节
点分布(即 x,y 坐标),服从高斯分布
plot3(Pu2(:,1),Pu2(:,2),Useres_Z(:,3),'k.')
hold on
Pu3 = [Pu0(:,1) + 200. ∗ rand,Pu0(:,2) + 200. ∗ rand];%第 4 个
N/4 传感器节点分布(即 x,y 坐标),服从高斯分布
plot3(Pu3(:,1),Pu3(:,2),Useres_Z(:,4),'k.')
title('汇聚节点与传感器节点初始分布');
xlabel('X 坐标 (单位:m)');
ylabel('Y 坐标 (单位:m)');
zlabel('Z 坐标 (单位:m)');
legend('汇聚节点','传感器节点');%图例
```

```
xlim([0 400]);%限制显示区域
ylim([0 400]);%限制显示区域
zlim([0 H]);%限制显示区域
Pu=[Pu0;Pu1;Pu2;Pu3];%所有传感器节点的(x,y)坐标,第1列
```
为 x 坐标,第 2 列为 y 坐标
```
%根据 N 个用户分布,找出汇聚节点的最佳高度,使得 N 个用户的
```
平均速率最大
```
figure(2);
for Base_z=0:0.01*H:H%汇聚节点高度以 0.01 m 为步长从 0 向
```
H 移动,水平坐标 (x,y) 不变
```
C=0;%N 个传感器节点最大信息速率总和,初始化
for i=1:N%循环计算 N 个传感器节点的最大信息速率
d=sqrt((Pu(i,1)-200)^2+(Pu(i,2)-200)^2+(Useres_
```
ZZ(i)-Base_z)^2);%计算第 i 个传感器节点与汇聚节点的距离
```
P_R=P_base/10^((32.5+20*log(f/10^6)+20*log(d/
```
10^3))/10);%计算第 i 个传感器节点接收功率,即有用功率,按自由空间损耗公式计算
```
C=C+B_base/N*log2(1+P_R/(p_nosi*B_base/
```
N));%计算第 i 个传感器节点的最大信息速率,并进行累加
```
end
C_mean=C/N;%计算 N 个传感器节点的最大信息速率平均值

%寻找 N 个传感器节点的最大信息速率平均值的最大值,并记
```
录最大值时的汇聚节点高度
```
if Base_z==0
C_mean_max=C_mean;%信息速率平均值的最大值
Base_z_max=Base_z;%信息速率平均值取得最大值时的
```
汇聚节点高度
```
else
if C_mean>C_mean_max
C_mean_max=C_mean;%信息速率平均值的最大值
Base_z_max=Base_z;
end
end
plot(Base_z,C_mean,'.r')%画出每个汇聚节点高度下的用户
```
最大信息速率平均值
```
hold on
```

```
end
title('汇聚节点不同高度下用户平均最大速率');
xlabel('汇聚节点高度（单位：m）');
ylabel('用户最大信息速率（单位：b/s）');

C_mean_max%打印 N 个传感器信息速率平均值的最大值
Base_z_max%打印 N 个传感器信息速率平均值取得最大值时的汇聚节点高度

toc%计时结果
```

 ## 实验分析

1. 功率自适应控制仿真结果

由图 18.3 可知，这是一个横坐标和纵坐标分别为 500 m 的方形坐标图，是对边长为 500 m 的正方形覆盖区域的仿真。汇聚节点位于中心，其余传感器节点随机分布（本节最大上行信息速率是指由香农公式计算而得的信息速率）。

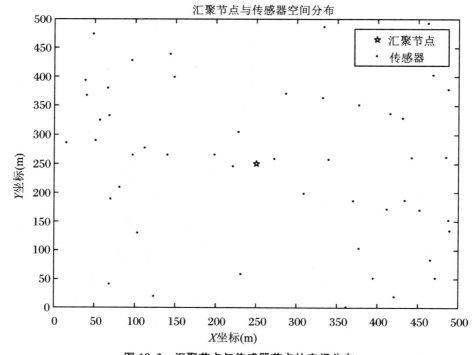

图 18.3　汇聚节点与传感器节点的空间分布

由图 18.4～图 18.6 可知：

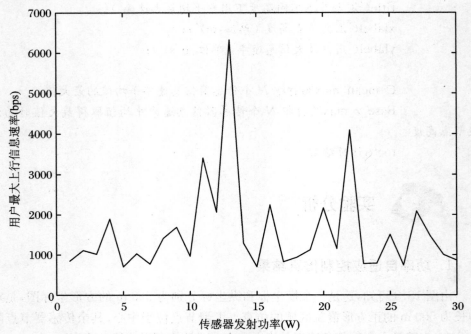

图 18.4　传感器最大上行信息速率随发射功率变化的曲线图($f = 2.4\,\text{GHz}$)

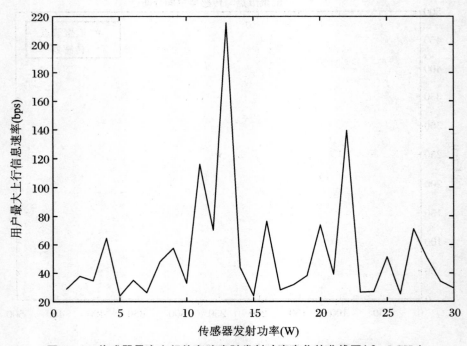

图 18.5　传感器最大上行信息速率随发射功率变化的曲线图($f = 5\,\text{GHz}$)

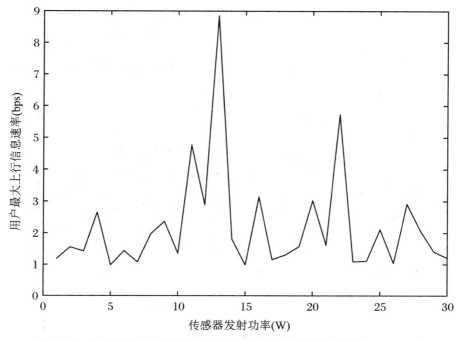

图 18.6　传感器最大上行信息速率随发射功率变化的曲线图($f = 10\,\text{GHz}$)

① 当传感器发射功率为 13 W 时,传感器最大上行信息速率达到最大,与使用频率无关,即在图 18.3 的场景下,传感器的最佳发射功率为 13 W;

② 通信频率能显著影响传感器最大上行信息速率,频率越大速率越低,这是因为更高频率的电磁波在传播过程中衰减更大,5G 通信中有高频和低频,在部署物联网时需要考虑频率影响;

③ 用户分布、用户数量也会影响传感器的最佳发射功率设计,因此图 18.2 所示的程序流程是循环执行的,最佳发射功率也是动态变化的,即传感器自适应功率控制。

2. 汇聚节点最佳高度设计仿真结果

仿真场景如图 18.7 和图 18.8 所示,仿真水平范围为 $400\,\text{m} \times 400\,\text{m}$,传感器节点共有 50 个,服从 4 高斯分布,高度范围为 $[0,2]\,\text{m}$,汇聚节点水平位置处于 $(200, 200)$,最大离地高度为 3 m。图中,圆圈为汇聚节点,圆点为传感器节点。在诸多场景中,传感器节点是可以移动的,其水平和高度都随机变化。例如,物联网在智慧农场中的应用,传感器节点可放置在动物(如牛、羊、鸡等)身上,传感器节点不仅动态,且高度各不相同。因此,本节做了两个场景的仿真。

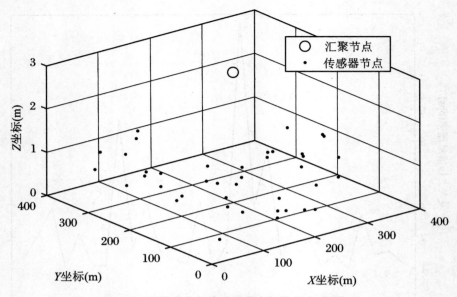

图 18.7 汇聚节点与传感器节点初始分布(场景 1)

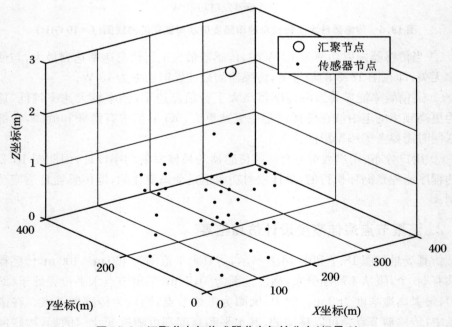

图 18.8 汇聚节点与传感器节点初始分布(场景 2)

由图 18.9 和图 18.10 可知,汇聚节点的高度并非越高越好,也并非越低越好,

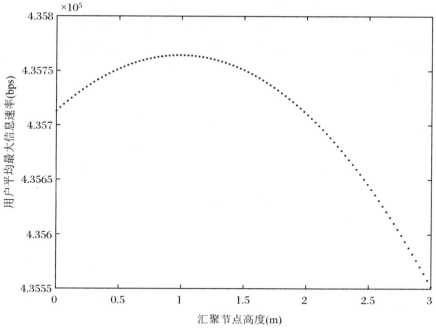

图 18.9　汇聚节点不同高度下用户平均最大信息速率(场景 1)

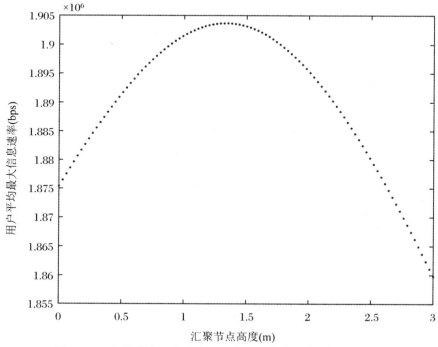

图 18.10　汇聚节点不同高度下用户平均最大信息速率(场景 2)

根据传感器节点的三维空间分布，汇聚节点存在一个最佳高度。在场景1中，汇聚节点的最佳高度为0.99 m；在场景2中，汇聚节点的最佳高度为1.32 m。由此可见，传感器节点的三维空间分布不同，汇聚节点的最佳高度也随之改变。在动态物联网（如智慧农场）中，为达到最佳的物联网通信性能，汇聚节点需要能自适应地调整其高度。